"十三五"普通高等教育本科规划教材

（第2版）

工程造价

张晓飞　司　政　李守义　编著

中国电力出版社

CHINA ELECTRIC POWER PRESS

内 容 提 要

本书依据水利部、住房和城乡建设部颁发的最新定额，阐述了工程造价的费用构成、项目划分、基本定额和测算工程造价的基本原理和基本方法；详细讲述了基础单价的计算方法和工程单价的计算步骤；详细介绍了水利水电工程和工业与民用建筑工程概算的编制内容、编制依据、编制方法、编制步骤；同时结合某县城防洪工程，给出了工程实例。

本书作为水利水电工程专业、工程管理专业和水文水资源专业的本科教材，具有循序渐进、浅显易懂的特点，使学生在掌握工程造价基本理论的同时，学会进行水利水电工程和工业与民用建筑工程概算的编制，同时了解估算和预算的编制，为学生的学习和就业打下良好的基础。

图书在版编目（CIP）数据

工程造价/张晓飞，司政，李守义编著. —2版. —北京：中国电力出版社，2016.9

"十三五"普通高等教育本科规划教材

ISBN 978-7-5123-9544-2

Ⅰ. ①工… Ⅱ. ①张… ②司… ③李… Ⅲ. ①工程造价-高等学校-教材 Ⅳ. ①TU723.3

中国版本图书馆 CIP 数据核字（2016）第 161052 号

中国电力出版社出版发行

北京市东城区北京站西街 19 号 100005 http：//www.cepp.sgcc.com.cn

责任编辑：王晓蕾

责任印制：蔺义舟 责任校对：常燕昆

汇鑫印务有限公司印刷·各地新华书店经售

2007 年 9 月第 1 版 2016 年 9 月第 2 版·2016 年 9 月第 3 次印刷

787mm×1092mm 1/16·13.75 印张·324 千字

定价：36.00 元

前　言

　　《工程造价》第一版是为适应 21 世纪高等院校人才培养的教学需求而编写的，系全国高等院校土建类"十一五"规划教材，于 2007 年 9 月出版，距今已有 9 年。第二版是在第一版基础上修订的。本次修订主要是将《水利工程设计概（估）算编制规定》（工程部分）（水总〔2014〕429 号）、《水利工程设计概（估）算编制规定》（建设征地移民补偿）（水总〔2014〕429 号）、《建筑安装工程费用项目组成》（建标〔2013〕44 号）和《建设工程工程量清单计价规范》（GB 50500—2013）等最新规范、文件内容纳入本书中，主要体现在第 1 章的费用构成，第 2 章费用定额的取费费率，第 3 章基础单价和工程单价的内容与计算方法，第 4 章水利水电工程概算的编制内容、编制依据、编制方法、编制步骤，第 5 章工业与民用建筑工程费用构成、概算的编制内容、编制方法，第 6 章建筑安装工程费用审查以及第 7 章工程实例分析，适应了我国经济体制改革的需要，反映了工程造价最新的发展情况。

　　全书共分 7 章。第 1 章~第 4 章由西安理工大学张晓飞和李守义编写；第 5 章~第 7 章由西安理工大学司政和李守义编写。全书由张晓飞统稿和定稿。

　　限于作者的水平和经验，本书中不妥之处难免，真诚欢迎读者批评指正。

作者

2016 年 5 月

第1版前言

工程造价的合理确定和有效控制是工程管理的重要内容。随着我国社会主义市场经济的确立，基本建设管理体制改革力度不断加大，行业垄断和地方保护行为逐渐被消除，跨行业、跨地区的招标投标和市场经济势在必行，这对从事工程管理、工程技术等方面的人员提出了更高的要求。一方面要通晓专业知识，另一方面要掌握工程造价管理方面的知识，既要熟悉本行业的知识和造价管理知识，同时还要了解相关和相近的技术和造价管理知识。因此，工程管理和技术人员面临的迫切任务之一是如何迎接挑战，如何将自己培养成为复合型、外向型、开拓型的人才。本书是基于工程造价管理人才培养需求和多年来从事水利水电工程概预算、建筑工程概预算教学的实践，将水利水电工程、建筑工程的造价编制原理、编制程序进行了系统地阐述，并根据各行业的具体要求和具体规定，介绍各个行业现行概预算编制依据、原则、程序和方法。全书共分7章。第1章~第4章、第7章由李守义、张晓飞、赵长伟编写；第5章和第6章由李守义和司政编写。全书由李守义统稿和定稿。

本书编写过程中得到陕西省水利厅、中国水电顾问集团西北勘测设计研究院、水利部陕西水利水电勘测设计研究院有关专家的指导，得到西安理工大学水工系全体教师的支持，得到西安理工大学有关领导和部门的支持，在此一并表示感谢！特别感谢书后所列参考文献的各位作者。

限于作者的水平和经验，本书中不妥之处难免，真诚欢迎读者批评指正。

作者

2007 年 7 月

目　　录

第 1 章

绪　论

1.1　基本建设

　　基本建设是国民经济各部门为扩大生产能力或新增工程效益而进行的增加固定资产的建设工作，是通过对建筑产品的施工、拆迁或整修等活动形成固定资产的经济过程。它是以建筑产品为过程的产出物，是一个复杂的系统工程。进行工厂、矿山、能源、交通、水利水电和房屋建筑等新建、改建、扩建工程都是基本建设。

1.1.1　基本建设的目的和作用

　　基本建设的根本目的是促进国民经济高速发展和社会进步，改善和提高人民群众物质和文化生活水平。它在国民经济中的作用表现为国民经济各行各业再生产和扩大再生产的持续进行与基本建设的密切关系，表现为构成国民经济的各个领域和各个生产部门都要利用基本建设这一手段来发展生产。从某种意义上说，如果离开了基本建设，整个国民经济就将处于停滞不前的状态，人民群众物质与文化生活水平的提高也不可能。概括起来其作用主要表现在以下四个方面：

　　（1）基本建设为发展国民经济奠定了物质技术基础，为社会再生产的不断扩大创造了必要的条件。

　　（2）基本建设作为一个重要的产业部门，不仅可以为社会创造巨大的物质财富，而且也可以为国民增加收入（包括外汇收入）。

　　（3）基本建设为满足人民群众不断增长的物质与文化生活的需要，提供了大量的住宅、各种文化福利设施以及社会公用设施。

　　（4）基本建设是巩固国防和增强国防力量的重要手段。

1.1.2　基本建设的特点和分类

　　1. 特点

　　基本建设是实现固定资产再生产的一种经济活动。同实现固定资产再生产的其他经济活动（如现有固定资产的大修理、更新和技术改造）相比较，具有如下特点：

　　（1）形成新增的、完整的、可以独立发挥作用的固定资产。

　　（2）主要是固定资产的扩大再生产，也含有固定资产简单再生产的因素。

（3）主要是外延的扩大再生产，但在某种场合下（如改建）表现为内含的扩大再生产。

基本建设活动可分为三部分：一是建筑安装，如建设水工建筑物、公路、铁路、房屋建筑、各种机电设备安装等；二是设备购置，如购置各种机电设备、生产工具和仪器等；三是其他建设工作，如与基本建设相联系的建设管理、生产准备、科研勘测设计、质量监督等。

基本建设是全社会固定资产的扩大再生产，而各个建设项目的经济活动则是全社会固定资产扩大再生产的有机组成部分。它能从根本上改变国民经济的重大比例关系、部门结构和生产力布局，对生产的长远发展以及人民物质、文化生活水平的提高都有着重大影响，在国民经济发展中占有十分重要的地位。

2. 分类

为了便于掌握和研究基本建设工作，贯彻执行党的路线、方针和政策，有必要按照统一的标准和要求，对基本建设进行分类。根据建设项目的投资用途、项目性质和建设规模的不同，基本建设分类可从三个方面进行划分：

（1）按照投资用途划分

1）生产性建设。指直接用于物质生产或为满足物质生产需要而进行的建设。如工业建设、农业工程建设、交通运输建设、水利水电工程建设、通信工程建设、商业和物资供应建设、地质资源勘探建设等。

2）非生产性建设。指用于满足人民物质生活和文化生活需要而进行的建设。如住宅建设、文教卫生建设、科学实验研究建设、公用事业建设等。

（2）按照项目性质划分

1）新建项目。指过去没有而新建设的项目。有的建设项目原有基础很小，重新进行总体设计，经扩大建设规模后，其新增的固定资产额超过原有固定资产额的三倍以上，也属于新建项目。

2）扩建项目。指在企业和事业单位原有基础上为扩大原有产品的生产能力和效益，或增加新产品的生产能力和效益，所新建的主要生产车间或工程。

3）改建项目。指原有企业、事业单位，为提高生产效率、改进产品质量或改变产品方案，对原有设备、工艺流程进行技术改造的项目。有些企业、事业单位为了提高综合生产能力，增加一些附属和辅助设施或非生产性工程，也属于改建项目。

4）恢复项目。指企业、事业单位的固有资产因自然灾害、战争或人为的灾害等原因已全部或部分报废，又重新投资进行恢复性建设的项目。无论是按原来规模恢复建设，还是在恢复的同时进行扩建的都属恢复项目。

5）迁建项目。指原有企业、事业单位由于多种原因迁移到另外的地方建设的项目。无论其建设规模是否维持原来的规模，都属迁建项目。

（3）按照项目规模大小划分。基本建设按建设规模可划分为大型、中型、小型。大、中、小型，是按建设项目的生产能力或总投资确定的。生产单一产品的工业企业，按产品的设计能力划分；生产多种产品的工业企业，按其主要产品的设计能力划分；产品种类繁多，难以按生产能力划分的，按全部投资额划分。对国民经济具有特殊意义的某些项目，例如，产品为全国服务，或者采用新技术，生产新产品的重大项目，以及对发展边远地区和少数民族地区经济有重大作用的项目，虽然设计能力或全部投资不够大中型标准，经国家批准，列入大中型项目计划的，也可按大中型项目管理。工业建设项目和非工业建设项目的大中小型划分标准，国家均有明文规定。

1.1.3　基本建设程序

基本建设程序是指基本建设项目从项目的决策、设计、施工到竣工验收整个建设过程中的各个阶段及其先后次序。基本建设涉及面广，内外协作配合的环节多，完成一个建设工程，需要进行多方面的工作。其中有些是前后衔接的，有些是相互配合的，有些是互相交叉的。这些工作必须按照一定程序，依次进行才能达到预期效果。

一个建设项目，从项目建设的规划立项到建成投产，一般要经过确定项目、勘测设计、组织施工和竣工验收等不同阶段。下面以水利工程为例，介绍基本建设程序和主要任务。

1. 流域（或区域）规划

流域（或区域）规划就是根据该流域（或区域）的水资源条件和国家长远计划对该地区水利水电建设发展的要求，提出该流域（或区域）水资源的梯级开发和综合利用的最优方案。因此，进行流域（或区域）规划，必须对流域（或区域）的自然地理、经济状况等进行全面的、系统的调查研究，初步确定流域（或区域）内可能的大坝位置，分析各坝址的建设条件，拟定梯级开发方案、工程规划、工程效益等，进行多方案分析比较，选定合理的梯级开发方式，并推荐近期开发的工程项目。

2. 项目建议书

它是在流域（或区域）规划的基础上，由主管部门提出建设项目的轮廓设想，主要是从宏观上分析项目建设的必要性和可能性，即分析其建设条件是否具备，是否值得投入资金和人力进行可行性研究。

项目建议书编制一般由政府委托有相应资格的设计单位承担，并按国家现行规定权限向主管部门申报审批。项目建议书被批准后，由政府向社会公布，若有投资建设意向，应及时组建项目法人筹备机构，开展下一个建设程序的工作。

3. 可行性研究

可行性研究的目的是研究兴建该工程技术上是否可行、经济上是否合理，其主要任务是：

（1）论证工程建设的必要性，确定本工程建设任务和综合利用的主次顺序。

（2）确定主要水文参数和成果，查明影响工程的主要地质条件和主要地质问题。

（3）选定工程建设场址、坝（闸）址和厂（站）址。

（4）基本选定工程规模。

（5）选定基本坝型和主要建筑物的基本形式，初选工程总体布置。

（6）初选主要机电设备。

（7）初选水利工程管理方案。

（8）初步确定施工组织设计中的主要问题，提出控制性工期和分期实施意见。

（9）基本确定水库淹没、工程占地范围，查明主要淹没实物指标，提出移民安置、专项设施迁建的可行性规划和投资。

（10）评价工程建设对环境的影响。

（11）提出主要工程量和建材需用量，估算工程投资。

（12）明确工程效益，分析主要经济指标，评价工程的经济合理性和财务可行性。

（13）提出综合评价和结论。

可行性研究报告，按国家现行规定的审批权限报批。申报项目可行性研究报告，必须同时提出项目法人组建方案及运行机制、资金筹措方案、资金结构及回收资金办法，并依照有关规定附具有管辖权的水政主管部门或流域机构签署的规划同意书。对取水许可预申请的书面审查意见，审批部门要委托有项目相应资格的工程咨询机构对可行性研究报告进行评估，并综合行业归口主管部门、投资机构（公司）、项目法人（或项目法人筹备机构）等方面的意见进行审批。项目可行性研究报告批准后，应正式成立项目法人，并按项目法人负责制实行项目管理。

4. 初步设计

可行性研究报告批准以后，项目法人应择优选择有项目相应资格的设计单位承担勘测设计。

初步设计是在可行性研究的基础上进行，要解决可行性研究阶段没有解决的主要问题。

初步设计的主要任务是：

（1）复核工程任务及具体要求，确定工程规模，选定水位、流量、扬程等特征值，明确运行要求。

（2）复核水文成果。

（3）复核区域构造稳定，查明水库地质和建筑物工程地质条件、灌区水文地质条件及土壤特性，提出相应的评价和结论。

（4）复核工程的等级和设计标准，确定工程总体布置、主要建筑物的轴线、结构形式和布置、控制尺寸、高程和工程数量。

（5）确定电厂或泵站的装机容量，选定机组类型、单机容量、单机流量及台数，确定接入电力系统的方式、电气主接线和输电方式及主要机电设备的选型和布置，选定开关站（变电站、换流站）的形式，选定泵站电源进线路径、距离和线路形式，确定建筑物的闸门和启闭机等的形式和布置。

（6）提出消防设计方案和主要设施。

（7）选定对外交通方案、施工导流方式、施工总布置和总进度、主要建筑物施工方法及主要施工设备，提出天然（人工）建筑材料、劳动力、供水和供电的需要量及其来源。

（8）确定水库淹没、工程占地的范围，核实水库淹没实物指标及工程占地范围的实物指标，提出水库淹没处理、移民安置规划和投资概算。

（9）提出环境保护措施设计。

（10）拟定水利工程的管理机构，提出工程管理范围和保护范围以及主要管理设施。

（11）编制初步设计概算，利用外资的工程应编制外资概算。

（12）复核经济评价。

初步设计文件报批前，一般由项目法人委托有相应资格的工程咨询机构或组织有关专家，对初步设计中的重大问题，进行咨询论证。设计单位根据咨询论证意见，对初步设计文件进行补充、修改、优化。初步设计由项目法人组织审查后，按国家现行规定权限向主管部门申报审批。

5. 施工准备

项目在主体工程开工之前，必须完成各项施工准备工作，其主要内容包括：

（1）施工现场的征地、拆迁。

（2）完成施工用水、电、通信、道路和场地平整等工程。

（3）完成必需的生产、生活临时建筑工程。

（4）组织招标设计、咨询、设备和物资采购等服务。

（5）组织建设监理和主体工程招标投标，并择优选定建设监理单位和施工承包单位。

（6）委托设计单位进行施工详图设计，并保证满足施工需要。

施工准备工作开始前，项目法人或其代理机构，须依照有关规定，向水政主管部门办理报建手续，项目报建须交验工程建设项目的有关批准文件。工程项目进行项目报建登记后，方可组织施工准备工作。

6. 建设实施

建设实施是指主体工程的建设实施，项目法人按照批准的建设文件，组织工程建设，保证项目建设目标的实现。

项目法人或代理机构必须按审批权限，向主管部门提出主体工程开工申请报告，经批准后，主体工程方能正式开工。主体工程开工须具备以下条件：

（1）前期工程各阶段文件已按规定批准，施工详图设计可以满足初期主体工程施工需要。

（2）建设项目已列入国家或地方水利水电建设投资年度计划，年度建设资金已落实。

（3）主体工程招标已经决标，工程承包合同已经签订，并得到主管部门同意。

（4）现场施工准备和征地移民等建设外部条件能够满足主体工程开工需要。

（5）建设管理模式已经确定，投资主体与项目主体的管理关系已经理顺。

（6）项目建设所需全部投资来源已经明确，且投资结构合理。

（7）项目产品的销售，已有用户承诺，并确定了定价原则。

7. 生产准备

生产准备是项目投产前所要进行的一项重要工作，是建设阶段转入生产经营的必要条件。项目法人应按照建管结合和项目法人责任制的要求，适时做好有关生产准备工作。

生产准备应根据不同类型的工程要求确定，一般应包括如下主要内容：

（1）生产组织准备。建立生产经营的管理机构及相应管理制度。

（2）招收和培训人员。按照生产运营的要求，配备生产管理人员，并通过多种形式的培训，提高人员素质，使之能满足运营要求。生产管理人员要尽早介入工程的施工建设，参加设备的安装调试，熟悉情况，掌握好生产技术和工艺流程，为顺利衔接基本建设和生产经营阶段做好准备。

（3）生产技术准备。主要包括技术资料的汇总、运行技术方案的制订、岗位操作规程制订和新技术准备。

（4）生产物资准备。主要是落实投产运营所需要的原材料、协作产品、工器具、备品备件和其他协作配合条件的准备。

（5）正常的生活福利设施准备。

（6）及时具体落实产品销售合同协议的签订，提高生产经营效益，为偿还债务和资产的保值增值创造条件。

8. 竣工验收

竣工验收是工程完成建设目标的标志，是全面考核基本建设成果、检验设计和工程质量的重要步骤。竣工验收合格的项目即从基本建设转入生产或使用。

当建设项目的建设内容全部完成，并经过单位工程验收，符合设计要求并按水利基本建设项目档案管理的有关规定，完成了档案资料的整理工作，在完成竣工报告、竣工决算等必需文件编制后，项目法人按照有关规定，向验收主管部门提出申请，根据国家和部颁验收规程，组织验收。

竣工决算编制完成后，须由审计机关组织竣工审计，其审计报告作为竣工验收的基本资料。

对工程规模较大、技术较复杂的建设项目可先进行初步验收；不合格的工程不予验收；有遗留问题的项目，对遗留问题必须有具体处理意见，且有限期处理的明确要求并落实责任人。

9. 后评价

建设项目竣工投产后，一般经过 1～2 年生产运营后，要进行一次系统的项目后评价。主要内容包括：

（1）影响评价。项目投产后对各方面的影响进行评价。

（2）经济效益评价。项目投资、国民经济效益、财务效益、技术进步和规模效益、可行性研究深度等进行评价。

（3）过程评价。对项目立项、设计、施工、建设管理、竣工投产、生产运营等全过程进行评价。

项目后评价一般按三个层次组织实施，即项目法人的自我评价、项目行业的评价、计划部门（或主要投资方）的评价。

建设项目后评价工作必须遵循客观、公正、科学的原则，做到分析合理、评价公正。通过建设项目的后评价以达到肯定成绩、总结经验、研究问题、吸取教训、提出建议、改进工作，不断提高项目决策水平和投资效果的目的。

以上所述基本建设程序的 9 项内容，基本反映了水利工程基本建设工作的全过程。其相互关系见图 1-1。

以上是水利系统的基本建设程序，电力系统的基本建设程序与此基本相同，不同点是：

（1）初步设计阶段与可行性研究阶段合并，称为可行性研究阶段，其设计深度与水利系统初步设计接近。

（2）增加预可行性研究阶段，其设计深度与水利系统的可行性研究接近。

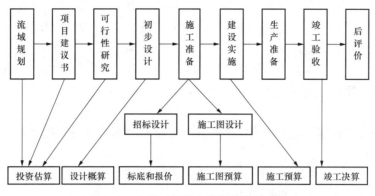

图 1-1　水利工程基本建设程序示意图

1.2　工程造价的费用构成

工程造价是建设工程造价的简称，它有两层含义：

（1）指建设项目的建设成本，即完成一个建设项目所需费用的总和，包括建筑工程费用、安装工程费用、设备及工器具购置费用、工程建设其他费用。

（2）指建设项目中承发包工程的承发包价格，即发包方与承包方签订的合同价。

一个建设项目对于该项目法人或代理机构（以下简称业主）而言，形成其固定资产，是扩大生产能力或新增工程效益的物质基础，因而对业主来说，建设项目的造价是建设成本，它不包含投资者的利润。

建设项目所需费用，按其性质可划分为若干类，各类费用又可划分为若干项。费用划分原则在各行业基本相同，但在具体费用划分及项目设置上，结合各行业特点，又不尽相同。

建设项目费用的静态部分一般由建筑工程费、安装工程费、设备及工器具购置费用、工程建设其他费用、基本预备费组成。动态部分由价差预备费和建设期融资利息组成。

在工程建设过程中，有生产活动，也有一般购置活动，还有属于为了建设和未来生产等进行的准备活动。建筑工程施工和设备安装施工都是一种物质生产活动，建筑工程费和设备安装工程费都是在生产活动中支出的费用，这两类工程费用性质相同，组成内容也相同，故可归为一类，称为建筑安装工程费。

1.2.1　建筑安装工程费

建筑工程是指建设项目中的永久建筑工程和临时建筑工程。安装工程是指对机械设备、电气设备，按设计要求安装、调试等工作。

水利水电工程中，挡水建筑物、泄水建筑物、取水建筑物、输水建筑物、电站厂房、施工导流建筑物等均为建筑工程；水轮发电机、变压器、调速器、启闭机、压力钢管、钢闸门等机电设备和金属结构设备的安装均为安装工程。

工业和民用建筑工程中，一般土建工程、卫生工程、工业管道工程、特殊构筑物工程、电气照明工程等，是属于建筑工程的范畴；动力、电信、起重、运输、医疗、实验等设备本体的安装，与设备相连的工作台、梯子等的装设工程，附属于被安装设备的管线敷设，被安装设备的绝缘、保温和油漆工程，为测定设备安装工程质量对单个设备进行无负荷试车等，均属安装工程范畴。

建筑安装工程费由直接费、间接费、利润、材料补差及税金组成。下面以水利水电工程为例，详细讲述各部分费用所包含的主要内容。

1. 直接费

指建筑安装工程施工过程中直接消耗在工程项目上的活劳动和物化劳动。由基本直接费和其他直接费组成。

（1）基本直接费。指施工过程中耗费的构成工程实体和有助于工程形成的各项费用，包括人工费、材料费、施工机械使用费。

1）人工费指直接从事建筑安装工程施工的生产工人开支的各项费用。主要包括：

① 基本工资。由岗位工资和年应工作天数内非作业天数的工资组成。

a. 岗位工资。指按照职工所在岗位各项劳动要素测评结果确定的工资。

b. 生产工人年应工作天数以内非作业天数的工资，包括生产工人开会学习、培训期间的工资，调动工作、探亲、休假期间的工资，因气候影响的停工工资，女工哺乳期间的工资，病假在六个月以内的工资及产、婚、丧假期的工资。

② 辅助工资。指在基本工资以外，以其他形式支付给生产工人的工资性收入，包括根据国家有关规定属于工资性质的各种津贴，主要包括艰苦边远地区津贴、施工津贴、夜餐津贴、节假日加班津贴等。

> 注：下列人员的工资不能计入人工费中，只能在相应的材料费和机械费中支出：① 材料采购和保管人员；② 材料到达施工现场前的装卸工人；③ 驾驶施工机械和运输机械的工人

2）材料费指用于建筑安装工程项目上的消耗性材料、装置性材料和周转性材料摊销费。包括定额工作内容规定应计入的未计价材料和计价材料。

> 注：材料费中不包括施工机械修理与使用所需的燃料和辅助材料、检验试验和冬雨期施工所需的材料、搭设临时设施的材料费用。这些材料费应列入施工机械使用费、其他直接费和临时设施费中。

3）施工机械使用费指消耗在建筑安装工程项目上的机械磨损、维修拆除和动力燃料费用等。包括折旧费、修理及替换设备费、安装拆卸费、机上人工费和动力燃料费、以及应计算的运输车辆养路费、车辆使用税、车辆保险费等。

> 注：施工机械使用费中不包括材料到达工地仓库或露天堆放地点以前的装卸和运输、材料检验试验、搭设临时设施所需的机械费用。这些费用应列入材料费、其他直接费和临时设施费中。

（2）其他直接费。指直接费以外的施工过程中发生的其他费用，内容包括：

1）冬雨期施工增加费。指在冬雨期施工期间为保证工程质量和安全生产所需增加的费用。包括增加施工工序，增设防雨、保温、排水等设施增耗的动力、燃料、材料以及因人工、机械效率降低而增加的费用。

2）夜间施工增加费。指施工场地和公用施工道路的照明费用。

> 注：照明线路工程费用包括在"临时设施费"中；施工附属企业系统、加工厂、车间的照明费用，列入相应的产品中，均不包括在本项费用之内。

3）特殊地区施工增加费。指在高海拔、原始森林和沙漠等特殊地区施工而增加的费用。

4）临时设施费。指施工企业为进行建筑安装工程施工所必需的但又未被划入施工临时工程的临时建筑物、构筑物和各种临时设施的建设、维修、拆除、摊销等费用。如：供风、供水（支线）、供电（场内）、夜间照明、供热系统及通信支线，土石料场，简易砂石料加工系统，小型混凝土拌合浇筑系统，木工、钢筋、机械等辅助加工厂，混凝土预制构件厂，场内施工排水，场地平整、道路养护及其他小型临时设施。

5）安全生产措施费。指为保证施工现场安全作业环境及安全施工、文明施工所需要，在工程设计已考虑的安全支护措施之外发生的安全生产、文明施工相关费用。

6）其他。包括施工工具用具使用费，检验试验费，工程定位复测及施工控制网测设费，工程点交、竣工场地清理费，工程项目及设备仪表移交生产前的维护费，工程验收检测费等。

① 施工工具用具使用费，指施工生产所需，但不属于固定资产的生产工具、检验试验用具的购置、摊销和维护费。

② 检验试验费，指对建筑材料、构件和建筑安装物进行一般鉴定、检查所发生的费用，包括自设试验室进行试验所耗用的材料和化学药品费用，以及技术革新和研究试验费，不包括新结构、新材料的试验费和建设单位要求对具有出厂合格证明的材料进行试验，对构件进行破坏试验，以及其他特殊要求检验试验的费用。

③ 工程项目及设备仪表移交生产前的维护费。指竣工验收前对已完工程及设备进行保护所需费用。

④ 工程验收检测费。指工程各级验收阶段为检测工程质量发生的检测费用。

2. 间接费

指施工企业为建筑安装工程施工而进行组织与经营管理所发生的各项费用。它构成产品成本。由规费和企业管理费组成。

（1）规费。指政府和有关部门规定必须缴纳的费用，包括社会保险费和住房公积金。

1）社会保险费

① 养老保险费。指企业按照规定标准为职工缴纳的基本养老保险费。

② 失业保险费。指企业按照规定标准为职工缴纳的失业保险费。

③ 医疗保险费。指企业按照规定标准为职工缴纳的基本医疗保险费。

④ 工伤保险费。指企业按照规定标准为职工缴纳的工伤保险费。

⑤ 生育保险费。指企业按照规定标准为职工缴纳的生育保险费。

2）住房公积金。指企业按照规定标准为职工缴纳的住房公积金。

（2）企业管理费。指施工企业为组织施工生产和经营管理活动所发生的费用。内容包括：

1）管理人员工资。指管理人员的基本工资和辅助工资。

2）差旅交通费。指施工企业管理人员因公出差、工作调动的差旅费，误餐补助费，职工探亲路资，劳动力招募费，职工离退休、退职一次性路费，工伤人员就医路费，工地转移费，交通工具运行费及牌照费等。

3）办公费。指企业办公用文具、印刷、邮电、书报、会议、水、电、燃煤（气）等费用。

4）固定资产使用费。指企业属于固定资产的房屋、设备、仪器等折旧、大修理、维修费或租赁费等。

5）工具用具使用费。指企业管理使用不属于固定资产的工具、用具、家具、交通工具和检验、试验、测绘、消防用具等的购置、摊销及维修费用。

6）职工福利费。指企业按照国家规定支出的职工福利费，以及由企业支付离退休职工的异地安家补助费、职工退休金、六个月以上的病假人员工资、按规定支付给离休干部的各项费用。职工发生工伤时企业依法在工伤保险基金之外支付的费用，其他在社会保险基金之外依法由企业支付给职工的费用。

7）劳动保护费。指企业按照国家有关部门规定标准发放给职工的一般劳动防护用品的购置及修理费、保健费、防暑降温费、高空作业及进洞津贴、技术安全措施以及洗澡用水、饮用水的燃料费等。

8）工会经费。指企业按职工工资总额计提的工会经费。

9）职工教育经费。指企业为职工学习先进技术和提高文化水平，按职工工资总额的一定比例计提的费用。

10）保险费。指企业财产保险、管理用车辆等保险费用，高空、井下、洞内、水下、水上作业等特殊工种安全保险费、危险作业意外伤害保险费。

11）财务费用。指施工企业为了筹集资金而发生的各项费用，包括企业经营期间发生的短期融资利息净支出、汇兑净损失、金融机构手续费，企业筹集资金发生的其他财务费用，以及投标和承包工程发生的保函手续费等。

12）税金。指企业按规定交纳的房产税、管理用车辆使用税、印花税等。

13）其他。包括技术转让费、企业定额测定费、施工企业进退场费、施工企业承担的施工辅助工程设计费、投标报价费、工程图纸资料费及工程摄影费、技术开发费、业务招待费、绿化费、公证费、法律顾问费、审计费、咨询费等。

3. 利润

指按规定应计入建筑安装工程费用中的利润。

4. 材料补差

材料补差指根据主要材料消耗量、主要材料预算价格与材料基价之间的差值，计算的主要材料补差金额。材料基价是指计入基本直接费的主要材料的限制价格。

5. 税金

指国家税法规定对施工企业承担建筑安装工程作业收入所征收的营业税、城市维护建设税和教育费附加。

1.2.2 设备费

设备费包括设备原价、运杂费、运输保险费和采购及保管费。

1. 设备原价

国产设备，一般以出厂价为原价。对于进口设备，以到岸价和进口征收的税金、手续费、商检费、港口费等各项费用之和为原价。大型机组分瓣运至工地后的拼装费用，应包括在设备原价内。

2. 运杂费

指设备由厂家运至工地安装现场所发生的一切运费及运输过程中的各项杂费。包括运输费、调车费、装卸费、包装绑扎费、大型变压器充氮费，以及其他可能发生的杂费。

3. 运输保险费

指设备在运输过程中的保险费用。

4. 采购及保管费

指建设单位或施工企业在负责设备的采购、保管过程中发生的各项费用。主要包括：

（1）采购保管部门工作人员的基本工资、辅助工资、职工福利费、劳动保护费、养老保险费、失业保险费、医疗保险费、工伤保险费、生育保险费、住房公积金、教育经费、办公费、差旅交通费、工具用具使用费等。

（2）仓库、转运站等设施的运行费、检修费，固定资产折旧费，技术安全措施费和设备的检修、试验费等。

1.2.3 独立费用

独立费用由建设管理费、工程建设监理费、联合试运转费、生产准备费、科研勘测设计费和其他六项费用构成。由于各行业均有其自身的特点，因此，独立费用所包含内容不尽相同。下面以水利水电工程为例，详细讲述各部分费用所包含的主要内容。

1. 建设管理费

建设管理费是指建设单位在工程建设项目筹建和建设期间进行管理所需的费用。包括建设单位开办费、建设单位人员费和项目管理费三项。

（1）建设单位开办费。指新组建的建设单位，为开展工作所必须购置的办公设施、交通工具等以及其他用于开办工作的费用。

（2）建设单位人员费。指建设单位从批准组建之日起至完成该工程建设管理任务之日止，需开支的建设单位人员费用。主要包括工作人员基本工资、辅助工资、职工福利费、劳动保护费、养老保险费、失业保险费、医疗保险费、工伤保险费、生育保险费、住房公积金等。

（3）项目管理费。指建设单位从筹建到竣工期间所发生的各种管理费用。包括：

1）工程建设过程中用于资金筹措、召开董事（股东）会议、视察工程建设所发生的会议和差旅等费用。

2）工程宣传费。

3）土地使用税、房产税、印花税、合同公证费。

4）审计费。

5）施工期间所需的水情、水文、泥沙、气象监测费和报汛费。

6）工程验收费。

7）建设单位人员的教育经费、办公费、差旅交通费、会议费、交通车辆使用费、技术图书资料费、固定资产折旧费、零星固定资产购置费、低值易耗品摊销费、工具用具使用费、修理费、水电费、采暖费等。

8）招标业务费。

9）经济技术咨询费。包括勘测设计成果咨询、评审费，工程安全鉴定、验收技术鉴定、安全评价相关费用，建设期造价咨询，防洪影响评价、水资源论证、工程场地地震安全性评价、地质灾害危险性评价及其他专项咨询等发生的费用。

10) 公安、消防部门派驻工地补贴费以及其他工程管理费用。

2. 工程建设监理费

建设监理是对工程项目建设实行监督和管理。建立和推行建设监理制是我国基本建设领域的一项重大改革措施，也是发展社会主义市场经济的必然结果。工程建设监理费指建设单位在工程建设过程中委托监理单位，对工程建设的质量、进度、安全和投资进行监理所发生的全部费用。

3. 联合试运转费

联合试运转费指水利工程的发电机组、水泵等安装完毕，在竣工验收前，进行整套设备带负荷联合试运转期间所需的各项费用。主要包括：联合试运转期间所消耗的燃料、动力、材料及机械使用费，工具用具购置费，施工单位参加联合试运转人员工资等。

4. 生产准备费

指建设项目的生产及管理单位为准备正常的生产运行或管理发生的费用。内容包括生产及管理单位提前进厂费、生产职工培训费、管理用具购置费、备品备件购置费、工器具及生产家具购置费。

(1) 生产及管理单位提前进厂费。指水利建设项目的生产、管理单位在工程完工之前，有一部分工人、技术人员和管理人员提前进厂进行生产筹备工作所需的各项费用。内容包括提前进场人员的基本工资、辅助工资、职工福利费、劳动保护费、养老保险费、失业保险费、医疗保险费、工伤保险费、生育保险费、住房公积金、教育经费、办公费、差旅交通费、会议费、技术图书资料费、零星固定资产购置费、低值易耗品摊销费、工具用具使用费、修理费、水电费、采暖费等，以及其他属于筹建任务应开支的费用。

(2) 生产职工培训费。指工程在竣工验收之前，生产及管理单位为保证生产、管理工作能顺利进行，需对工人、技术人员与管理人员进行培训所发生的费用。内容包括基本工资、辅助工资、工资附加费、劳动保护费、差旅交通费、实习费等，以及其他属职工培训应开支的费用。

(3) 管理用具购置费。指为保证新建项目的正常生产和管理所必须购置的办公和生活用具等费用。内容包括办公室、会议室、资料档案室、阅览室、文娱室、医务室等公用设施需要配置的家具器具。

(4) 备品备件购置费。指工程在投产运行初期，由于易损耗和可能发生的事故，而必须准备的备品备件和专用材料的购置费。不包括已计入设备价格中配备的备品备件。

(5) 工器具及生产家具购置费。指为保证初期生产正常运行所必须购置的不属于固定资产标准的生产工具、器具、仪表、生产家具等的购置费。不包括设备价格中已包括的专用的工具。

5. 科研勘测设计费

指为工程建设所需要的科研、勘测和设计等费用。包括工程科学研究试验费、工程勘测设计费。

(1) 工程科学研究试验费。指工程建设过程中，为保证工程质量，解决工程的技术问题，而进行必要的科学研究试验所需的费用。

(2) 工程勘测设计费。指工程从项目建议书阶段开始至以后各设计阶段发生的勘测费、设计费和为勘测设计服务的常规科研试验费用。不包括工程建设征地移民设计、环境保护设计、水土保持设计各设计阶段发生的勘测设计费。

6. 其他

（1）工程保险费。指工程建设期间，为使工程能在遭受火灾、水灾等自然灾害和意外事故造成损失后得到经济补偿，而对工程进行投保所发生的保险费用。

（2）其他税费。指按国家规定应缴纳的与工程建设有关的税费。

1.2.4 预备费

预备费包括基本预备费和价差预备费。

（1）基本预备费。主要为解决在施工过程中，设计变更和有关技术标准调整增加的投资及工程遭受一般自然灾害所造成的损失和为预防自然灾害所采取的措施费用。

（2）价差预备费。主要为解决在工程建设过程中，因人工工资、材料和设备价格上涨以及费用标准调整而增加的投资。

1.2.5 建设期融资利息

根据国家财政金融政策规定，工程建设期内需偿还并应计入工程总投资的融资利息。

1.3 基本建设的项目划分

为了适应基本建设项目招投标需要和工程造价管理，在预测工程造价时，对基本建设项目要系统地逐级划分为若干个分项工程和费用项目。

一般情况下，一个建设项目可划分为一个或若干个单项工程；一个单项工程可划分为若干个单位工程；一个单位工程可划分为若干个分部工程；一个分部工程可划分为若干个分项工程。

1.3.1 建设项目

建设项目是按照一个总体设计进行施工，经济上实行统一核算、行政上实行统一管理的建设实体。在工业建设中，一般是以一个工厂为建设项目；在民用建设中，一般以一个事业单位（如一个学校、一所医院等）为建设项目。一个水利工程也为一个建设项目。一个建设项目中，可以有几个单项工程（一级），也可能只有一个单项工程（一级项目），不得把不属于一个设计文件内的、经济上分别核算、行政上分开管理的几个项目捆在一起作为一个建设项目，也不能把总体设计内的工程按地区或施工单位划分为几个建设项目。在一个设计任务书范围内，规定分期进行建设时，仍为一个建设项目。

1.3.2 单项工程

单项工程是一个建设项目中，具有独立的设计文件，竣工后可以独立发挥生产能力或工程效益的工程。例如：工业企业建设中的各个生产车间、办公楼、食堂、住宅等；民用建设中，学校的教学楼、图书馆、食堂、学生宿舍、职工住宅等；水利工程中的挡水工程、泄洪工程等。在基本建设中，单项工程按建成后所起作用划分为许多种类，例如工业建设中有主要工程项目，附属生产服务项目等。有时比较单纯的建设项目，可能只有一个单项工程，特别是扩建、改建的建设项目。

单项工程是具有独立存在意义的一个完整工程，也是一个极为复杂的综合体。它是由许多单位工程所组成，如一个新建车间，不仅有厂房，还有设备安装等工程；水利工程挡水工程中，包括混凝土坝工程、溢洪道工程等。

1.3.3 单位工程

单位工程是指具有单独设计、可以独立组织施工的工程。一个单项工程，按照它的构成，可以把它分解为建筑工程、设备及其安装工程。

建筑工程还可以根据其中各个组成部分的性质、作用分为：

（1）一般土建工程：包括建筑物与构筑物的各种结构工程。

（2）特殊构筑物工程：包括各种设备的基础、烟囱、桥涵、隧道等工程。

（3）工业管道工程：包括蒸汽、压缩空气、煤气、输油管道等工程。

（4）卫生工程：包括上下水管道、采暖、通风、民用煤气管道敷设等工程。

（5）电气照明工程：包括室内外照明设备安装、线路敷设、变电与配电设备的安装等工程。

（6）设备与安装工程：设备与安装工程两者有着密切的联系。所以，在预算上把设备购置与其安装工程结合起来组成为设备及其安装工程。设备及其安装工程又可分为机械设备、电气设备、送电线路、通信设备、通信线路、自动化控制装置和仪表、热力设备和化学工业设备等。

上述各种建筑工程、设备及其安装工程中的每一类，都称为单位工程。这些单位工程是单项工程的组成部分。

每一个单位工程仍然是一个较大的组合体，它本身仍然是由许多的结构或更小的部分组成的，所以对单位工程还需要进一步的划分。

1.3.4 分部工程

分部工程是按工程部位、设备种类和型号、使用的材料和工种的不同所作的分类，是单位工程的组成部分。如一般土建工程的房屋，按其结构可分为基础、地面、墙壁、楼板、门窗、屋面、装修等部分；水利工程中的三级项目如土石方开挖和帷幕灌浆等。由于每一部分都是由不同工种的工人，利用不同的工具和材料完成，在编制基本建设预算时，为了计算工料方便，在进行项目划分时，还要照顾到不同的工种和不同的材料结构。因此，一般土建工程大致可划分为以下几部分：土石方工程、打桩工程、砖石工程、脚手架工程、混凝土及钢筋混凝土工程、装饰工程、构筑物工程等。其中的每一部分，称为分部工程。

在分部工程中影响工料消耗大小的因素仍然很多。例如，同样都是土方工程，由于土壤类别（普通土、坚硬土、砂砾石）不同，挖土的深度不同，施工方法不同，则每单位土方工程所消耗的工料差别很大。所以，还必须把分部工程按照不同的施工方法、不同的规格等进一步划分。

1.3.5 分项工程

分项工程是通过较为简单的施工过程就能生产出来，并且可以用适当计量单位计算其工程量大小的建筑或设备安装工程产品。例如每立方米砖基础工程、一台某型号机床的安装等。一般说，它的独立存在是没有意义的，它只是建筑或安装工程的一种基本的构成因素，是为了确定建筑及设备安装工程造价而划分出来的一种产品。

在测算工程造价工作中，找出这种简单的建筑或设备安装工程产品即分项工程，在客观上也是可能的。因为在不同的建筑及设备安装工程中，完成相同计量单位的分项工程所需要的人工、材料、施工机械等消耗量基本相同，而且国家对这种工料消耗，可以用一定的方法进行测定，或以测定的资料为基础，根据社会平均生产水平，统一规定各分项工程的工作内容与工料消耗标准。

有了表示分项工程的概、预算定额，以及地区工资标准、材料和施工机械台时预算价格、各种费用定额等资料，就可以根据设计文件计算出建筑或设备安装工程的造价。把它们汇总起来，再加上设备购置费用、工程建设其他费用，就是整个建设工程的造价。

水利水电建设项目常常是多种性质的水工建筑物的复杂的综合体，很难像一般基本建设项目严格按单项工程、单位工程、分部工程、分项工程来确切划分项目。因此，根据水利水电工程的特点和组成内容将其划分为三大类：枢纽工程、引水工程和河道工程。

水利工程总概算由工程部分概算、建设征地移民补偿概算、环境保护工程概算和水土保持工程概算组成。

概算包括建筑工程费、安装工程费、设备及工器具购置费、独立费用。每一部分下设一个或若干个一级项目，每个一级项目下设一个或若干个二级项目，每个二级项目下设许多个三级项目。一级项目相当于单项工程；二级项目相当于单位工程；三级项目相当于分部分项工程。

1.4 工程造价测算

每个工程项目，按照基本建设程序，都要经过规划、可行性研究、初步设计、施工图设计、组织施工到竣工验收这几个由粗到细、由蓝图到实物的建设过程。具体到每个阶段，都要测算其投资，进行经济评价和提出筹资方案。

1.4.1 工程造价测算的原则

工程造价的测算，应符合价值规律，体现社会必要劳动量；要全面反映建筑产品的价值构成；工程价格和工业品价格之间应保持一个合理的比例；测算应严格按照国家法律、基本建设程序和有关规定进行。因此，工程造价的测算必须根据各阶段设计内容、调查数据和各级主管部门颁发的有关编制办法、定额、费用计算标准，以及资金来源等进行计算。

1.4.2 工程造价测算的形式

设计提供的资料、数据，是工程造价测算的基本依据。随着各设计阶段设计的深化，工程造价测算的内容及方法也由粗到细，精度逐步提高，对测算的要求也相应提高。

工程造价的测算，在规划和可行性研究阶段，编制投资估算；初步设计阶段，编制设计概算；到施工图设计阶段，编制施工图预算；施工准备阶段，编制招标标底、投标报价；实施阶段，编制施工预算。

投资估算、设计概算、施工图预算的编制方法大体相似，但由于精度要求不同，所以编制深度也不同。

根据国家现行规定，工程建设过程中不同阶段的工程造价测算分别由设计单位、施工企业、建设单位负责编制。

规划和可行性研究阶段的投资估算，初步设计阶段的设计概算，施工图阶段的施工图预算，分别由负责该项目规划、可行性研究、初步设计和施工图设计的设计单位负责编制。

施工准备阶段的招标项目的标底，由建设单位负责编制；投标报价由参加该项目投标的施工企业编制。

实施阶段的施工预算，是负责该项目施工的施工企业为加强内部管理而进行的工程造价测算，由施工企业负责编制。

1.4.3 投资估算、概算、预算的概念和区别

1. 概念

（1）可行性研究投资估算。可行性研究是基本建设程序中的一个重要阶段，是前期工程的关键性环节。投资估算是可行性研究报告的重要组成部分，是国家为选定近期开发项目做出科学决策和批准进行初步设计的重要依据。

（2）初步设计概算。初步设计概算是初步设计文件的重要组成部分，必须完整地反映工程初步设计的内容，严格执行国家有关方针、政策和制度，实事求是地根据工程所在地的建设条件，正确地按有关依据和资料，在已经批准的可行性研究报告投资估算的控制下进行编制。

初步设计概算经批准以后，是确定和控制基本设计投资，编制基本建设计划，实行建设项目投资包干，编制工程招标标底，考核工程造价和验核工程经济合理性的依据。

（3）施工图预算。施工图预算应在已批准的初步设计概算控制下进行编制。当某些单位工程施工图预算超过初步设计概算时，设计总负责人应当分析原因，考虑修改施工图设计，力求与批准的初步设计概算达到平衡。

施工图预算的主要作用如下：

1）是确定单位工程造价，作为编制固定资产计划的依据。

2）是在初步设计概算控制下，进一步考核设计经济合理性的依据。

3）是签订工程承包合同，实行建设单位投资包干和办理工程结算的依据。

4）是建筑企业进行经济核算，考核工程成本的依据。

（4）施工预算。施工预算是建安企业以单位工程为对象所编制的人工、材料、机械台时耗用量及其费用总额，其编制目的是按计划控制企业劳动力和物资消耗量。施工预算是企业进行劳动力调配，物资技术供应，组织队伍生产，下达施工任务单和限额领料单，控制成本，进行成本分析和班组经济核算以及"两算"对比的依据。

施工预算由企业根据实际情况，依据施工图、施工组织设计（施工方案）和体现本企业的平均先进水平的施工定额，采用实物量法进行编制。施工预算和建筑安装工程预算之间的差额，反映了企业个别劳动量与社会平均劳动量之间的差别，能体现降低工程成本计划的要求。

2. 区别

估算、概算、预算依据的定额不同，用途不同，编制单位不同，投资额不同，预留费大小不同，编制精度不同。其详细区别见表1-1。

表1-1　　　　　　　　　　估算、概算、预算的区别

序号	项目	投资估算	概算		预算	
			设计概算	修正概算	施工图预算	施工预算
1	编制时间不同	规划、项目建议书、可行性研究阶段	初步设计阶段	技术设计阶段	施工图设计阶段	施工阶段
2	依据定额不同	估算指标或概算定额扩大10%	概算定额或预算定额扩大3%～5%	同左	预算定额	施工定额
3	用途不同	① 是选定开发项目的依据；② 是进行初步设计的依据；③ 是工程造价的最高限额，不得任意突破（用来控制设计概算）	① 确定项目的投资额；② 是编制基建计划的依据；③ 用来控制施工图预算；④ 签订总包合同和实行投资包干的依据	是追加工程投资和融资的依据	① 是编制施工计划的依据；② 用来签订承包合同；③ 是工程价款结算的依据；④ 进行经济核算和考核成本的依据	① 是施工企业内部管理和经济核算的依据；② 下达施工任务和限额领料的依据；③ 劳动力、施工机械调配的依据
4	编制单位不同	建设单位或设计单位	设计单位	设计单位	设计单位	施工单位
5	投资额不同	是工程造价的最高限额	小于等于估算	大于概算	小于概算，大于施工预算	小于施工图预算
6	预备费费率不同	预备费率大；① 基本预备费率10%；② 价差预备费按分年度投资和物价指数计算	预备费率比估算小；① 基本预备费率5%；② 价差预备费同估算	预备费费率同设计概算	基本预备费率为3%～5%	不列预备费或按合同列部分预备费
7	编制深度不同	按投资估算的项目划分，可以用扩大指标	按初设概算的项目划分，用初设工程量及细部结构指标	同设计概算	按施工图工程量计算（不用细部结构指标）	同左

1.4.4 工程造价测算的编制方法

工程造价由建筑工程费、安装工程费、设备购置费、工器具购置费用、其他费用五大部分构成。在测算工程造价时，还应根据工程项目设计深度和物价上涨因素，按国家和有关主管部门的具体规定，计入一定的预备费。

预备费分基本预备费（相当于国外的物质不可预见费）和价差预备费（相当于国外的价格不可预见费）。基本预备费按基本费用的 5%～10% 计算。价差预备费根据物价上涨指数和分年度投资额计算。

设备购置费一般根据设计提供的设备名称、型号和数量，调查分析各种设备预算单价，在此基础上，按下式计算设备购置费：

$$设备购置费 = \sum(预算价格 \times 设备数量)$$

其他费用的项目和计算方法，各行业都有具体规定（其他费用定额或费用构成及计算标准），根据工程建设实际情况列项计算。

建筑安装工程大多构成建设项目工程造价的主体。准确、合理测算建安工程造价对测算整个建设项目工程造价有重要意义。

1. 测算方法

目前世界上通行的测算建安工程造价的基本方法大致有两种：单价法和实物量法。

（1）单价法。将单位工程按工程性质、部位，划分为若干个分项工程（划分的粗与细，应与采用的定额相适应），各分项工程造价由各分项工程数量分别乘以相应工程单价求得。工程单价由所需的人工、材料、机械台时的数量乘以相应的人、材、机价格，求得人、材、机的金额，再按规定加上相应的有关费用（其他直接费、现场经费、间接费、企业利润和税金）。工程单价所需的人、材、机数量，按工程的性质、部位和施工方法选取有关定额确定。

我国自建国至今，一直沿用单价法。国外有些国家如日本、俄罗斯、德国也采用单价法，但没有统一的定额和规定的取费标准。

（2）实物量法。实物量法计算的一般步骤如下：

1）把各个建筑物划分为若干个合理的工程项目（如土石方、混凝土等）。

2）把每个工程项目再划分若干个基本的施工工序（如钻孔、爆破、出渣）。

3）确定施工方法和选择最合适的设备，确定施工设备的生产率。

4）根据所要求的施工进度确定每个工序的生产强度，据此确定设备、劳动力的组合。

5）根据施工进度计算出人、材、机的总数量。

6）人、材、机总数量分别乘以相应的基础价格，计算出该工程项目的总基本直接费用。

7）总基本直接费除以该工程项目的工程量即得基本直接费单价。

8）按施工管理机构和人员设置等设定的条件和间接费包括的范围，计算施工管理费和其他间接费。

9）按有关条件和经验估算利润、税金、利息等费用。

北美、英、法等国家都采用第二种方法。

单价法的主要优点是计算比较简单、方便。由于我国确定工程单价的人、材、机数量的定额是按一定的时期一定的范围（如国务院某部或某个省、自治区、直辖市）由行政部门编制颁发的，反映了这个时期行业或地区范围的"共性"，与某个具体工程项目"个性"之间必然有差异，有时这种差异会相当大。水利水电工程、公路工程与自然条件（地形、地质、水文、气象等）密切相关，具有突出的"个性"，因此与全国（或全省）通用定额"共性"差异的矛盾较其他行业更为突出。这就是用统一定额计算单价，预测工程造价的主要弊端。

实物量法的主要缺点是计算比较麻烦、复杂。但这种方法是，"逐个量体裁衣"，针对每个工程的具体情况来预测其工程造价，如设计深度满足需求，施工方法符合实际，采用此方法比较合理、准确。这就是国外普遍采用此法的缘故。采用实物量法测算工程造价在我国处于积极探索的阶段，由于采用实物量法测算工程造价，要求造价测算人员有较高的业务水平和丰富的经验，还要掌握大量的基础资料，所以我国目前还不具备全面推广的条件。究竟什么方法更科学、合理并适合中国国情还需在实践中不断探索。

2. 单价法测算工程造价的编制程序

我国一直沿用单价法测算工程造价，无论是编制投资估算，还是编制设计概算和施工图预算，其基本原理和方法大致相同，差别在于编制深度不同，依据的设计资料和定额不同。

（1）编制依据。

1）设计资料。设计资料主要包括设计图、设计说明、标准图集等。

2）定额。工程造价测算中用到的定额有各种建筑工程定额（水利水电建筑工程定额、建筑工程定额、装饰工程定额等）、各种安装工程定额和各种费用定额。上述各类定额，因用途不同又分为概算定额、预算定额、估算指标等。

3）国家和上级主管部门颁发的法令、制度、规程。如土地管理法、合同法、税法、环保法、文物保护法等。

4）工程量计算规定及施工组织设计。

（2）编制步骤。

1）收集各项基础资料。基础资料主要包括设计图、各种定额、主要材料和设备预算价格、国家和上级主管部门及地方政府颁发的法令、制度和规程等。

2）进行项目划分，并计算工程量。根据项目划分规定、工程量计算规定和设计图进行项目划分，计算分项工程的工程量。

3）计算基础单价。基础单价主要包括人工预算单价、材料预算单价（主要材料、次要材料、当地材料等）、施工机械台时单价、施工用的风、水、电单价，半成品材料单价等。

4）计算工程单价。工程单价是指项目划分中的分项工程单价。

5）编制建筑工程和安装工程概、预算表。

6）编制设备、工器具购置费概、预算表。

7）编制其他费用计算表。

8）编制总概、预算表。

9）撰写编制说明。

（3）工程造价测算的基本思路。设计概、预算的编制，是由局部到整体，由分项到综合，逐项编制，层层汇总。水利水电工程造价测算的基本思路是：

1）三级项目工程单价

三级项目工程单价＝基本直接费＋其他直接费＋间接费＋利润＋材料补差＋税金

其中：基本直接费＝∑（定额人工工时数量×人工预算单价）＋∑（定额材料消耗量×材料预算单价）＋∑（定额施工机械台时量×施工机械台时费）

其他直接费＝取费基础×费率

间接费＝取费基础×费率

利润＝取费基础×费率

材料补差＝材料差价×材料消耗量

税金＝取费基础×税率

2）三级项目工程造价＝∑（三级项目工程量×三级项目工程单价）。

3）二级项目工程造价＝∑三级项目工程造价。

4）一级项目工程造价＝∑二级项目工程造价。

5）建筑工程造价＝∑建筑工程一级项目工程造价。

6）机电设备及安装工程造价＝∑机电设备及安装工程一级项目工程造价。

7）金属结构设备及安装工程造价＝∑金属结构设备及安装工程的一级项目工程造价。

8）施工临时工程造价＝∑施工临时工程的一级项目工程造价。

9）独立费用＝∑独立费用的一级项目费用。

10）工程部分造价＝∑一至五部分造价＋预备费＋建设期融资利息。

工程总造价＝工程部分造价＋建设征地移民补偿造价＋环境保护工程造价＋水土保持工程造价。

思 考 题

1. 基本建设项目费用由哪些构成？

2. 建安工程费由哪些构成？

3. 设备费由哪些构成？

4. 直接费由哪些构成？

5. 基本直接费由哪些构成？

6. 其他直接费由哪些构成？

7. 间接费由哪些构成？

8. 基本建设项目的建设程序是什么？

9. 水利水电工程概算中工程部分由哪几项组成？

10. 估算、概算、预算的区别和联系是什么？

11. 什么是单项工程？

12. 什么是单位工程？

13. 什么是分部工程？

14. 什么是分项工程？

15. 单价法测算水利水电工程造价的基本思路是什么?
16. 什么是投资估算?
17. 什么是设计概算?
18. 什么是施工图预算?
19. 什么是施工预算?
20. 什么是竣工结算?

第 2 章

定　额

2.1　概述

2.1.1　定义

定额是管理部门对企业在经营和管理过程中，在一定条件下对人力、物力、财力的使用方面，经过科学分析计算，给出单位产品的消耗额度，作为生产和工作中应当遵守和达到的规定值。对建筑安装工程定额来说，就是在正常施工条件下，完成单位合格产品所必需的人工、材料、施工机械及其资金消耗的数量标准。

2.1.2　定额的作用

制定颁发定额的目的是为了加强经营管理和计划管理；执行按劳取酬和提高劳动生产率；加快施工进度及降低建设成本。编制工程单价时根据不同设计阶段分别选用施工定额、预算定额、概算定额或估算指标编制预算、概算和估算。

（1）编制估算——用估算指标或用概算定额扩大 10%。

（2）编制概算——用概算定额或用预算定额扩大（3~5）%。

（3）编制施工图预算和招标标底——用预算定额，编制投标报价——用预算定额或施工定额。

（4）编制施工预算——用施工定额。

2.1.3　定额的表示形式

定额一般有实物量式、百分率式和价目表式等表示形式。

（1）实物量式——是以完成单位工程（工作）量所消耗的人工、材料及施工机械的台时数量表示的定额。如水利部水利建筑工程预算定额（2002）、水利建筑工程概算定额（2002）及陕西省水利水电建筑工程预算定额（2000）等都属实物量式的定额。该定额使用时要用工程所在地编制年的价格水平计算工程单价，它不受物价上涨因素的影响，使用时间较长。实物量定额表示形式见表 2-1。

（2）百分率式——是以取费基础的百分率表示的定额。如水利部（2002）水利水电设备安装工程概算定额和陕西省（2000）水利水电设备安装工程概算定额中的一部分，以及间接费定额都是这一类。其取费基础：人工费、材料费和机械使用费取费基础是设备原价；其他直接费取费基础是基本直接费；间接费取费基础是人工费。百分率定额表示形式见表 2-2。

表 2-1　　　　　　　　　　　一般石方开挖——风钻钻孔　　　　　　　　　　（100m³）

项　目	单位	岩石级别			
		V～Ⅷ	Ⅸ～Ⅹ	Ⅺ～ⅩⅡ	ⅩⅢ～ⅩⅣ
工　　长	工时	1.60	2.00	2.50	3.20
高　级　工	工时				
中　级　工	工时	11.10	18.10	27.50	43.60
初　级　工	工时	61.30	74.20	89.00	111.30
合　　计	工时	74.00	94.30	119.00	158.10
合金钻头	个	1.02	1.74	2.56	3.66
炸　药	kg	26.00	34.00	41.00	47.00
雷　管	个	24.00	31.00	37.00	43.00
导　线　火线	m	64.00	85.00	101.00	117.00
电线	m	117.00	155.00	184.00	214.00
其他材料费	%	18.00	18.00	18.00	18.00
风钻　手持式	台时	4.47	8.13	13.43	22.75
其他机械费	%	10.00	10.00	10.00	10.00
石渣　运输	m³	104.00	104.00	104.00	104.00
编号		20001	20002	20003	20004

注：摘自水利部《水利建筑工程概算定额（上册）》（2002）。

表 2-2　　　　　　　　　　　水利机械辅助设备

定额编号	项目	单位	安装费（%）			
			合计	人工费	材料费	机械使用费
05001	油系统	项	6.8	3.1	2.3	1.4
05002	水系统	项	11.8	6.6	4.1	1.1
05003	压气系统	项	4.3	2.1	1.3	0.9
05004	机修设备	项	5.1	2.0	2.5	0.6

注：摘自水利部《水利水电设备安装工程概算定额》（2002）。

（3）价目表式——是以编制年（部颁的以首都北京，省颁的以省会所在地）的价格水平给出完成单位产品的价格。该定额使用比较简便，但必须进行调正。

如原水利电力部（1986）水利水电设备安装工程预算定额和概算定额及陕西省（2000）建筑工程综合概预算定额等都是价目表式的定额。价目表式定额表示形式见表 2-3。

表 2-3 卷扬式启闭机安装

定额编号	名称及规格	单位	安装费/元	其　中			劳动量/工日
				人工费	材料费	机械使用费	
12054	启闭机自重 5t	台	718	206	262	250	76
12055	启闭机自重 10t	台	1096	306	372	418	113
12056	启闭机自重 15t	台	1465	404	481	580	149
12057	启闭机自重 20t	台	4830	504	590	736	186

注：摘自原水利电力部《水利水电设备安装工程定额》（1986）。

以价目表式定额计算得到的工程单价仅仅是基本直接费，还要按有关规定计算其他直接费、间接费、利润、材料价差和税金。

在工程建设实践中，为了方便使用，有些定额既给出单位建筑产品的实物消耗量，同时按定额颁发年的价格水平给出了基价，例如陕西省（2000）建筑工程综合概预算定额等，见表 2-4。

表 2-4 砌　砖 （100m²）

定额编号			3-1	3-2	3-3	3-4
项　目			砖基础	砖内墙		
			10m³	1/2 砖	3/4 砖	1 砖
基价（元）			1190.33	1647.21	2556.67	3195.77
其中	人工费/元		243.11	470.38	717.96	783.76
	材料费/元		930.38	1119.59	1746.82	2287.39
	机械费/元		16.84	57.24	91.89	124.62
名称	单位	单价	数量			
人工	工日	20.310	11.970	23.160	35.350	38.590
M10 水泥砂浆	m³	—	(2.360)	—	—	—
M5 混合砂浆	m³	—	—	(2.243)	(3.834)	(5.400)
机制红砖	千块	142.000	5.236	6.487	9.918	12.754
硅酸盐水泥 425#	kg	0.260	472.000	449.000	767.000	1080.000
净砂	m³	25.000	2.410	2.290	3.910	5.510
石灰膏	kg	0.090	—	224.000	383.000	540.000
水	m³	1.240	3.140	3.460	5.500	7.400

注：摘自陕西省建设厅颁《陕西省建筑工程综合概预算定额》（2000）。

2.1.4　定额的分类

从费用性质上讲，定额可分为直接费定额、费用定额两大类，见表 2-5。

序号	类别	分类方法	分 类
1	直接费定额	按性质分	(1) 勘测设计定额 (2) 产品定额 (3) 工程定额 主要有建筑工程定额、水利水电工程定额、公路工程定额等
		按生产因素分	(1) 劳动定额（时间定额与产量定额） (2) 材料消耗定额 (3) 施工机械台时费定额
		按用途分	(1) 施工定额 (2) 预算定额 (3) 概算定额 (4) 估算指标
2	费用定额	按性质分	(1) 其他直接费计算标准 (2) 间接费计算标准 (3) 利润计算标准 (4) 税金计算标准 (5) 独立费用计算标准

表 2-5   定额的分类

2.2 直接费定额

2.2.1 施工定额

1. 定义

施工定额是指在正常合理的施工生产过程中，个人或小组完成合格单位建筑产品所消耗的人力、物力（包括材料和机械设备及工具）的标准数量。施工定额是由施工企业制定的（施工企业可根据本企业的特点制定自己的施工企业预算定额，它只有在投标报价和编制施工预算时使用，不具有法律效力，只能在本企业使用）。

2. 作用

施工定额是施工企业直接用于施工管理的重要文件，其具体作用如下。

（1）是编制施工组织设计、制定施工作业计划的依据。

（2）是编制劳动力、材料和施工机械设备需要量的依据。

（3）是编制施工预算的依据。

（4）是签发施工任务单和限额领料卡的依据。

（5）是计算劳动报酬及奖励的依据。

（6）是编制预算定额的基础。

3. 组成内容

施工定额内容要求符合并接近工程实际，由人工、材料和机械台时消耗量定额三部分组成，参见表 2-1。

2.2.2　预算定额

1. 定义

预算定额是一定计量单位的分项工程或结构构件、机电设备安装的人工、材料和机械台时的合理消耗量标准。它是在施工定额的基础上按国家有关方针政策，结合有关资料分析并加上定额幅度差编制而成。定额幅度差一般取 5%～7%。

2. 作用

预算定额是由国家机关或授权单位组织编制和颁发的，它是具有经济法令性的一项定额，也是一项重要的经济技术法规。我国通用预算定额和专业预算定额的颁发只有部颁和省颁（或市颁）两级，其他机关单位无权制定和颁发。预算定额的主要作用有：

（1）是编制施工图预算和招标标底、投标报价以及确定工程造价的依据。

（2）是对结构设计方案进行技术经济比较，对新结构、新技术进行技术经济分析的依据。

（3）是编制施工组织设计时计算劳动力、建筑材料、成品、半成品和施工机械需要量的依据。

（4）是编制综合预算定额和编制概算定额的基础。

3. 组成内容

预算定额由人工、材料和机械台时定额三部分组成，见表 2-1。

2.2.3　概算定额

1. 定义

概算定额是在预算定额的基础上，根据国家规定的初步设计深度，给出综合分项工程的人工、材料和机械消耗量标准。概算定额一般要比预算定额大 3%～5%。

综合定额——概算定额中对大坝、水闸等独立发挥作用的建筑物混凝土，不分部位的叫综合定额，在编制概算时也不再分部位计算工程量，而用一个总体工程量乘以综合定额计算的综合单价。如大坝混凝土包括坝体、闸墩、胸墙、工作桥、护坦、消力池、海漫、廊道等。

细部结构指标——主体建筑工程中的细部结构工程（如土石坝的防浪墙、路面、照明、观测设备、渗水处理、排水、踏步、坝顶建筑……混凝土坝的止水、伸缩缝、冷却水管、栏杆、路面、照明、灌浆及排水廊道、排水管、观测设备、坝顶建筑等），由于内容多，占工程投资比重小，在编制概算时因设计深度不够，无法也不必逐项计算其工程量，而采用按本体工程量乘单位工程量投资指标的办法计算其投资，分别列入三级项目中。这些其他细部结构工程的单位工程量的投资指标叫做"细部结构指标"，见表 2-6。表中细部结构指标仅包括基本直接费内容。

项目名称	混凝土重力坝、重力拱坝、宽缝重力坝、支墩坝	混凝土双曲拱坝	土坝堆石坝	水闸	冲砂闸、泄洪闸
单位	元/m³（坝体方）	元/m³（坝体方）	元/m³（坝体方）	元/m³（混凝土）	元/m³（混凝土）
综合指标	16.2	17.2	1.15	48	42
项目名称	进水口、进水塔	溢洪道	隧洞	竖井调压井	高压管道
单位	元/m³（混凝土）	元/m³（混凝土）	元/m³（混凝土）	元/m³（混凝土）	元/m³（混凝土）
综合指标	19	18.1	15.3	19	4
项目名称	地面厂房	地下厂房	地面升压变电站	地下升压变电站	船闸	明渠（衬砌）
单位	元/m³（混凝土）	元/m³（混凝土）	元/m³（混凝土）	元/m³（混凝土）	元/m³（混凝土）	元/m³（混凝土）
综合指标	37	57	30	17.7	54	8.45

表 2-6 水工建筑工程细部结构指标表

注：摘自水利部《水利工程设计概（估）算编制规定》（2015）。

2. 作用

概算定额是由部、省两级主管部门编制颁发，是具有经济法令性的文件，主要有以下作用。

（1）是初步设计阶段编制工程概算的依据；

（2）是设计方案选择时进行技术经济比较的依据；

（3）可以用于规划阶段估算工程投资，但要扩大10%；

（4）是编制估算指标的基础。

3. 组成内容

概算定额由人工、材料、机械消耗量标准三部分组成，见表2-1。

2.2.4 估算指标

1. 定义

在概算定额的基础上综合并扩大（一般扩大10%）的建筑、安装工程估算定额叫估算指标。

2. 作用

估算指标是可行性研究阶段编制工程投资估算的依据，亦可作为规划阶段计算投资和进行设计方案经济比较的参考指标。

3. 组成内容

估算指标仅包括主要工程项目的建筑安装工程费中的人工费、材料费和施工机械使用费以及人工、材料消耗量标准。

27

2.3 费用定额

费用定额是计算其他直接费、间接费、利润、税金和独立费用的依据。

各行业费用定额名称、取费基础和计算标准不同，即使同一行业不同时期的费用定额也不相同。下面以水利工程为例，介绍水利行业2015年颁发的费用定额。

2.3.1 其他直接费定额

其他直接费指基本直接费以外的施工过程中发生的其他费用，它是以取费基础（基本直接费）的百分率表示的。

1. 冬雨期施工增加费

计算方法：根据不同地区，按基本直接费的百分率计算。

西南、中南、华东区　　0.5%～1.0%

华北区　　　　　　　　1.0%～2.0%

西北、东北区　　　　　2.0%～4.0%

西藏自治区　　　　　　2.0%～4.0%

西南、中南、华东区中，按规定不计冬期施工增加费的地区取小值，计算冬季施工增加费的地区可取大值；华北区中，内蒙古等较严寒地区可取大值，其他地区取中值或小值；西北、东北区中，陕西、甘肃等省取小值，其他地区可取中值或大值。各地区包括的省（直辖市、自治区）如下：

（1）华北地区：北京、天津、河北、山西、内蒙古等5个省（直辖市、自治区）。

（2）东北地区：辽宁、吉林、黑龙江等3个省。

（3）华东地区：上海、江苏、浙江、安徽、福建、江西、山东等7个省（直辖市）。

（4）中南地区：河南、湖北、湖南、广东、广西、海南等6个省。

（5）西南地区：重庆、四川、贵州、云南等4个省（直辖市）。

（6）西北地区：陕西、甘肃、青海、宁夏、新疆等5个省（自治区）。

2. 夜间施工增加费

按基本直接费的百分率计算。

（1）枢纽工程：建筑工程0.5%，安装工程0.7%。

（2）引水工程：建筑工程0.3%，安装工程0.6%。

（3）河道工程：建筑工程0.3%，安装工程0.5%。

3. 特殊地区施工增加费

特殊地区施工增加费是指在高海拔、原始森林、沙漠等特殊地区施工而增加的费用，其中高海拔地区施工增加费已计入定额，其他特殊增加费应按工程所在地区规定标准计算，地方没有规定的不得计算此项费用。

4. 临时设施费

按基本直接费的百分率计算。

（1）枢纽工程：建筑及安装工程3%。

（2）引水工程：建筑及安装工程1.8%～2.8%。若工程自采加工人工砂石料，该工程临时设施费费率取上限；若工程自采加工天然砂石料，该工程临时设施费费率取中值；若工程采用外购砂石料，该工程临时设施费费率取下限。

（3）河道工程：建筑及安装工程 1.5%～1.7%。河道工程：灌溉田间工程临时设施费费率取下限，其他工程取中上限。

5. 安全生产措施费

按基本直接费的百分率计算。

（1）枢纽工程：建筑及安装工程 2.0%。

（2）引水工程：建筑及安装工程 1.4%～1.8%。一般取下限标准，隧洞、渡槽等大型建筑物较多的引水工程、施工条件复杂的引水工程取上限标准。

（3）河道工程：建筑及安装工程 1.2%。

6. 其他

按基本直接费的百分率计算。

（1）枢纽工程：建筑工程 1.0%，安装工程 1.5%。

（2）引水工程：建筑工程 0.6%，安装工程 1.1%。

（3）河道工程：建筑工程 0.5%，安装工程 1.0%。

特别说明：

（1）砂石备料工程其他直接费费率取 0.5%。

（2）掘进机施工隧洞工程其他直接费取费费率执行如下规定：土石方类工程、钻孔灌浆及锚固类工程，其他直接费费率为 2%～3%；掘进机由建设单位采购、设备费单独列项时，台时费中不计折旧费，土石方类工程、钻孔灌浆及锚固类工程其他直接费费率为 4%～5%。敞开式掘进机费率取低值，其他掘进机取高值。

2.3.2 间接费定额

根据工程性质的不同，间接费标准划分为枢纽工程、引水工程和河道工程三部分。它是以取费基础（直接费或人工费）的百分率表示的，见表 2-7。

表 2-7 间接费费率表

序号	工程类别	计算基础	间接费费率（%）		
			枢纽工程	引水工程	河道工程
一	建筑工程				
1	土方工程	直接费	7	4～5	3～4
2	石方工程	直接费	11	9～10	7～8
3	砂石备料工程（自采）	直接费	4	4	4
4	模板工程	直接费	8	6～7	5～6
5	混凝土浇筑工程	直接费	8	7～8	6～7
6	钢筋制安工程	直接费	5	4	4
7	钻孔灌浆工程	直接费	9	8～9	8
8	锚固工程	直接费	9	8～9	8

序号	工程类别	计算基础	间接费费率（%）		
			枢纽工程	引水工程	河道工程
9	疏浚工程	直接费	6	6	5～6
10	掘进机施工隧洞工程 1	直接费	3	3	3
11	掘进机施工隧洞工程 2	直接费	5	5	5
12	其他工程	直接费	9	7～8	6
二	机电、金属结构设备安装工程	人工费	75	70	70

注：摘自水利部《水利工程设计概（估）算编制规定》（2015）。

引水工程：一般取下限标准，隧洞、渡槽等大型建筑物较多的引水工程、施工条件复杂的引水工程取上限标准。

河道工程：灌溉田间工程取下限，其他工程取上限。

工程类别划分说明：

（1）土方工程：包括土方开挖与填筑等。

（2）石方工程：包括石方开挖与填筑、砌石、抛石工程等。

（3）砂石备料工程：包括天然砂砾料和人工砂石料的开采加工。

（4）模板工程：包括现浇各种混凝土时制作及安装的各类模板工程。

（5）混凝土浇筑工程：包括现浇和预制各种混凝土、伸缩缝、止水、防水层、温控措施等。

（6）钢筋制安工程：包括钢筋制作与安装工程等。

（7）钻孔灌浆工程：包括各种类型的钻孔灌浆、防渗墙、灌注桩工程等。

（8）锚固工程：包括喷混凝土（浆）、锚杆、预应力锚索（筋）工程等。

（9）疏浚工程，指用挖泥船、水力冲挖机组等机械疏浚江河、湖泊的工程。

（10）掘进机施工隧洞工程 1：包括掘进机施工土石方类工程、钻孔灌浆及锚固类工程等；

（11）掘进机施工隧洞工程 2：指掘进机设备单独列项采购并且在台时费中不计折旧费的土石方类工程、钻孔灌浆及锚固类工程等。

（12）其他工程：指除表 2-7 中所列十一类工程以外的其他工程。

2.3.3 利润计算标准

利润计算标准是计算建筑安装工程单价中施工企业利润的依据。它是以取费基础（直接费与间接费之和）的 7% 计算。

2.3.4 税金计算标准

税金计算标准是计算建筑安装工程单价中税金的依据。税金是国家对施工企业承担建筑安装工程作业收入所征收的营业税、城市维护建设税和教育费附加。税金计算标准是以取费基础（直接费、间接费、利润和材料补差四项之和）的百分率表示的。若建筑、安装工程中含未计价装置性材料费，则计算税金时应计入未计价装置性材料费。

$$计算税率 = \frac{1}{1 - 营业税税率 \times (1 + 城乡维护建设税税率 + 教育费附加税率)} - 1$$

现行计算税率标准：

建设项目在市区的： 3.48%。

建设项目在县城镇的： 3.41%。

建设项目在市区或县城镇以外的：3.28%。

国家对税率标准调整时，可以相应调整计算标准。

2.3.5 独立费用定额

独立费用定额是根据国家有关规定应在基本建设中开支的建设管理费、工程建设监理费、联合试运转费、生产准备费、科研勘测设计费和其他（工程保险费和其他税费）的计算方法和取费标准。

1. 建设管理费

（1）枢纽工程。枢纽工程建设管理费以一至四部分建安工作量为计算基数，按表2-8所列费率，以超额累进方法计算。

表2-8 枢纽工程建设管理费费率表

一至四部分建安工作量（万元）	费率（%）	辅助参数（万元）
50 000 及以内	4.5	0
50 000~100 000	3.5	500
100 000~200 000	2.5	1500
200 000~500 000	1.8	2900
500 000 以上	0.6	8900

简化计算公式为：一至四部分建安工作量×该档费率+辅助参数。

（2）引水工程。引水工程建设管理费以一至四部分建安工作量为计算基数，按表2-9所列费率，以超额累进方法计算。原则上应按整体工程投资统一计算，工程规模较大时可分段计算。

表2-9 引水工程建设管理费费率表

一至四部分建安工作量（万元）	费率（%）	辅助参数（万元）
50 000 及以内	4.2	0
50 000~100 000	3.1	550
100 000~200 000	2.2	1450
200 000~500 000	1.6	2650
500 000 以上	0.5	8150

简化计算公式为：一至四部分建安工作量×该档费率+辅助参数。

（3）河道工程。河道工程建设管理费以一至四部分建安工作量为计算基数，按

表 2-10 所列费率，以超额累进方法计算。原则上应按整体工程投资统一计算，工程规模较大时可分段计算。

表 2-10   引水工程建设管理费费率表

一至四部分建安工作量（万元）	费率（%）	辅助参数（万元）
10 000 及以内	3.5	0
10 000~50 000	2.4	110
50 000~100 000	1.7	460
100 000~200 000	0.9	1260
200 000~500 000	0.4	2260
500 000 以上	0.2	3260

简化计算公式为：一至四部分建安工作量×该档费率+辅助参数。

2. 工程建设监理费

按照国家发展改革委发改价格〔2007〕670 号文颁发的《建设工程监理与相关服务收费管理规定》及其他相关规定执行。

3. 联合试运转费

联合试运转费用指标见表 2-11。

表 2-11   引水工程建设管理费费率表

	单机容量（万 kW）	≤1	≤2	≤3	≤4	≤5	≤6	≤10	≤20	≤30	≤40	>40
水电站工程	费用（万元/台）	6	8	10	12	14	16	18	22	24	32	44
泵站工程	电力泵站	50~60 元/kW										

4. 生产准备费

（1）生产及管理单位提前进厂费

1）枢纽工程按一至四部分建安工作量的 0.15%~0.35%计算，大（1）型工程取小值，大（2）型工程取大值。

2）引水工程视工程规模参照枢纽工程计算。

3）河道工程、除险加固工程、田间工程原则上不计此项费用。若工程含有新建大型泵站、泄洪闸、船闸等建筑物时，按建筑物投资参照枢纽工程计算。

（2）生产职工培训费。按一至四部分建安工作量的 0.35%~0.55%计算，枢纽工程、引水工程取中上限，河道工程取下限。

（3）管理用具购置费

1）枢纽工程按一至四部分建安工作量的 0.04%~0.06%计算，大（1）型工程取小值，大（2）型工程取大值。

2）引水工程按建安工作量的 0.03%计算。

3）河道工程按建安工作量的 0.02%计算。

（4）备品备件购置费。按占设备费的 0.4%~0.6% 计算，大（1）型工程取下限，其他工程取中、上限。

注：① 设备费应包括机电设备、金属结构设备以及运杂费等全部设备费。② 电站、泵站同容量、同型号机组产国一台时，只计算一台的设备费。

（5）工器具及生产家具购置费。按占设备费的 0.1%~0.2% 计算。枢纽工程取下限，其他工程取中、上限。

5. 科研勘测设计费

（1）工程科学研究试验费。按工程建安工作量的百分率计算。其中：枢纽和引水工程取 0.7%；河道工程取 0.3%。灌溉田间工程一般不计此项费用。

（2）工程勘测设计费。项目建议书、可行性研究阶段的勘测设计费及报告编制费：执行国家发展改革委发改价格〔2006〕1352 号文颁布的《水利、水电工程建设项目前期工作工程勘察收费标准》和原国家计委计价格〔1999〕1283 号文颁布的《建设项目前期工作咨询收费暂行规定》。

初步设计、招标设计及施工图设计阶段的勘测设计费：执行原国家计委、建设部计价格〔2002〕10 号文颁布的《工程勘察设计收费标准》。

应根据所完成的相应勘测设计工作阶段确定工程勘测设计费，未发生的工作不计相应阶段勘测设计费。

6. 其他

（1）工程保险费。按工程一至四部分投资合计的 0.45%~0.5% 计算，田间工程原则上不计此项费用。

（2）其他税费。按国家有关规定计取。

2.4　定额的编制方法

定额是在一定的生产力水平和管理水平条件下编制颁发的。随着科学技术的发展及施工方法、施工机械的进步和新材料的开发应用，原有的定额就不能满足实际工程建设需要，应当进行修改和补充。也就是说，要随着生产力水平和管理水平的发展，不断编制新定额。

2.4.1　定额编制的原则

1. 水平合理

定额水平应反映社会平均生产力水平和管理水平，体现必要劳动量，也就是在正常施工条件下多数工人和企业能够达到和超过的水平，既不能采用少数先进生产者、先进企业所达到的水平，也不能以落后的生产者和企业的水平为依据。

定额水平要与建设阶段相适应。前期阶段（如可行性研究、初步设计）定额水平宜反映平均生产力水平和管理水平，还要留有适当的余地。而用于投标报价的定额的水平宜具有竞争力，合理反映本企业的技术、装备和经营管理水平。

2. 基本准确

定额是对千差万别的各个个别实践进行概括，抽象出一般的数量标准。从这里可以看出定额的"准"是相对的，定额的"不准"是绝对的。我们不能要求定额编得与自己的实际完全相同，而只能要求基本准确。定额项目（节目、子目）按影响定额的主要参数划分，粗细应恰当，步距要合理。定额计量单位、调整系数及附注设置应科学。

3. 简明适用

在保证基本准确的前提下，定额项目不宜过细过繁，步距不宜太小、太密。对于影响定额的次要参数可采用调整系数等办法简化定额项目，做到粗而准确，细而不繁，便于使用。

2.4.2 定额编制方法

定额编制的方法较多，常用的有：

1. 技术测定法

技术测定法是深入施工现场，应用计时观察和材料消耗测定的方法，对各个工序进行实测、查定、取得数据，然后对这些资料进行科学的整理分析，拟定成定额。这种方法有较充分的科学依据，有较强的说服力，但工作量较大。它适用于产品品种少、经济价值大的定额项目。

2. 统计分析法

统计分析法是根据施工实际中的工、料、台时消耗和产品完成数量的统计资料，经科学的分析、整理，剔除其中不合理的部分后，拟定成定额。

3. 调查研究法

调查研究法是和参加施工实践的老工人、班组长、技术人员座谈讨论，利用他们在施工实践中积累的经验和资料，加以分析整理而成定额。

4. 计算分析法

这种方法大多用于材料消耗定额和一些机械（如开挖、运输机械）的作业定额。其方法为拟定施工条件，选择典型施工图，计算工程量，拟定定额参数，计算定额数量。

2.4.3 定额的内容和作用

不同的定额有不同的内容和作用，现将几种常用的定额内容、作用简介如下：

1. 施工定额

施工定额包含人工定额、材料定额、机械作业定额三部分内容。

施工定额基本上是按工序制定的定额。以混凝土工程为例，现行水利水电建筑工程施工定额分模板工程、混凝土工程两册。模板工程又按木材加工，模板制作、安装、拆除、运输等工序分别设节。混凝土工程又按配运骨料、水泥运输、凿毛、清仓、混凝土拌合、运输、浇筑、养护等工序分别设节。

施工定额是施工企业管理工作的基础，主要用于施工企业内部经济核算，是编制施工预算、施工作业计划、实行内部经济核算（或承包）的依据。施工定额也是编制预算定额的基础。

2. 预算定额

预算定额是完成分部分项工程单位工程量所需人工、材料、机械台时的数量标准，是综合定额。

预算定额将完成单位分部分项工程项目所需各个工序综合在一起，以前述混凝土工程为例，将完成 100m³ 混凝土浇筑所需的模板制、安、拆、运及混凝土配料、拌合、运输、浇筑、养护等综合在一起，按其部位、结构类型分别设节，如板、墙、墩、梁……

预算定额是编制施工图预算的依据，是编制标底和报价的参考定额，也是编制概算定额的基础。

3. 概算定额

概算定额是在预算定额的基础上进一步综合而成。以水闸混凝土工程为例，概算定额将预算定额中的导水墙、阻滑板、溢流堰、护坦、闸墩、胸墙、工作桥等节定额综合在一起，以适应概算编制的需要。概算定额是编制初设概算和修改概算的依据，是编制估算指标的基础，它也是施工组织设计确定劳动力、材料、施工机械用量的依据之一。

2.5 使用定额应注意的问题

1. 现行定额

随着科学技术的发展，生产力水平和管理水平也在不断的提高，定额要反映实际，必须不断更新和修订，实践中应注意使用现行定额。现行定额的施行之日即是相应旧定额的废止之时。

2. 专业专用

水利水电工程除水工建筑物和水利水电设备安装外，一般还有房屋建筑、公路、铁路、输电线路、通信线路等永久性设施。水工建筑物和水利水电设备安装应采用水利、电力主管部门颁发的定额。其他永久性工程应分别采用所属主管部门颁发的定额。

3. 工程定额与费用定额配套使用

在计算各类永久性设施工程投资时，采用的工程定额除执行专业专用的原则外，其费用定额也应遵照专业专用的原则，与工程定额相适应。

4. 采用定额应与设计阶段相适应

可行性研究阶段编制投资估算应采用估算指标；初设阶段编制概算应采用概算定额；施工图设计阶段编制施工图预算应采用预算定额。如因本阶段定额缺项，需采用下一阶段定额时，应按规定乘过渡系数。按现行规定，采用概算定额编制投资估算时，应乘 1.10 的过渡系数，采用预算定额编制概算时应乘 1.03（或 1.05）的过渡系数。

5. 掌握定额的有关规定

由于各系统之间的标准、习惯有差异，故使用定额前应先阅读总说明和有关章节说明、工作内容、适用范围。要掌握定额修正的各种换算规定和工程量计算规则，工程量单位，与定额单位一致，编制造价时的工程量必须按基本单位计量，应注意与定额单位换算；要掌握定额项目的工作内容，根据工作部位、施工方法、施工机械和其他施工条件正确地选用定额项目，项目划分应与定额项目尽可能一致，做到不错项、不漏项、不重项，以便套用定额。

6. 投资来源不同应使用不同的定额

国家投资的项目应使用国务院各部委编制颁发的定额；地方投资的项目应使用各省、自治区、直辖市各专业厅（局）编制颁布的定额。

思 考 题

1. 什么是建筑工程定额？
2. 什么是安装工程定额？
3. 建筑工程定额的用途是什么？
4. 安装工程定额的用途是什么？
5. 建筑工程定额的表示形式有哪些？
6. 什么是费用定额？
7. 费用定额的用途是什么？
8. 简述施工定额、预算定额、概算定额和估算指标的区别和联系。
9. 使用定额时应注意哪些问题？

第 3 章

单　　价

工程造价测算过程中用到的单价可分为三大类：第一类是基础单价（即人工预算单价、材料预算单价、施工机械台时费、混凝土单价等），它是编制工程单价的基本依据；第二类是工程单价（即建筑工程单价和安装工程单价），它是编制建筑工程费用和安装工程费用的基本依据；第三类是设备和工器具预算单价，它是计算设备费和工器具购置费的基本依据。

3.1　水利工程分类和工程概算组成

3.1.1　水利工程分类

水利工程按工程性质划分为三大类，具体划分如下：

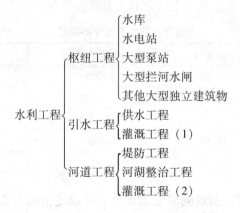

（1）水利水电工程的等别应根据其工程规模、效益及在国民经济中的重要性按表3-1确定。

对综合利用的水利水电工程，当按各综合利用项目的分等指标确定的等别不同时，其工程等别应按其中最高等别确定。

表 3-1　　　　　　　　　　　　　水利水电工程分等指标

| 工程等别 | 工程规模 | 水库总库容/ ($10^8 m^3$) | 防洪 | | 治涝 | 灌溉 | 供水 | 发电 |
			保护城镇及工矿企业的重要性	保护农田/ (10^4 亩)	治涝面积/ (10^4 亩)	灌溉面积/ (10^4 亩)	供水对象重要性	装机容量/ ($10^4 kW$)
Ⅰ	大（1）型	≥10	特别重要	≥500	≥200	≥150	特别重要	≥120
Ⅱ	大（2）型	10～1.0	重要	500～100	200～60	150～50	重要	120～30
Ⅲ	中型	1.0～0.10	中等	100～30	60～15	50～5	中等	30～5
Ⅳ	小（1）型	0.10～0.01	一般	30～5	15～3	5～0.5	一般	5～1
Ⅴ	小（2）型	0.01～0.001		<5	<3	<0.5		<1

（2）拦河水闸工程的等别，应根据其过闸流量，按表 3-2 确定。

表 3-2　　　　　　　　　　　　　拦河水闸工程分等指标

工程等别	工程规模	过闸流量/ (m^3/s)
Ⅰ	大（1）型	≥5000
Ⅱ	大（2）型	5000～1000
Ⅲ	中型	1000～100
Ⅳ	大（1）型	100～20
Ⅴ	大（2）型	<20

（3）灌溉排水泵站的等别，应根据其装机流量与装机功率，按表 3-3 确定。工业、城镇供水泵站的等别，应根据其供水对象的重要性按表 3-1 确定。

表 3-3　　　　　　　　　　　　　灌溉、排水泵站分等指标

工程等别	工程规模	装机流量/ (m^3/s)	装机功率/ ($10^4 kW$)
Ⅰ	大（1）型	≥5000	≥3
Ⅱ	大（2）型	5000～1000	3～1
Ⅲ	中型	1000～100	1～0.1
Ⅳ	大（1）型	100～20	0.1～0.01
Ⅴ	大（2）型	<20	<0.01

（4）灌溉渠道或排水沟的级别应根据灌溉或排水流量的大小，按表 3-4 确定。对灌排结合的渠道工程，当按灌溉和排水流量分属两个不同工程级别时，应按其中较高的级别确定。

表 3-4　　　　　　　　　　　　　灌排沟渠工程分级指标

工程等别	1	2	3	4	5
灌溉流量/ (m^3/s)	>300	300～100	100～20	20～5	<5
排水流量/ (m^3/s)	>500	500～200	200～50	50～10	<10

（5）水闸、渡槽、倒虹吸、涵洞、隧洞、跌水与陡坡等灌排建筑物的级别，应根据过水流量的大小，按表3-5确定。

表3-5　　　　　　　　　　　　　　灌排建筑物分级指标

工程等别	1	2	3	4	5
过水流量/(m³/s)	>300	300~100	100~20	20~5	<5

灌溉工程（1）指设计流量≥5m³的灌溉工程，灌溉工程（2）指设计流量<5m³的灌溉工程。

3.1.2　水利工程概算

水利工程总概算由工程部分概算、建设征地移民补偿概算、环境保护工程概算和水土保持工程概算组成。具体划分如下：

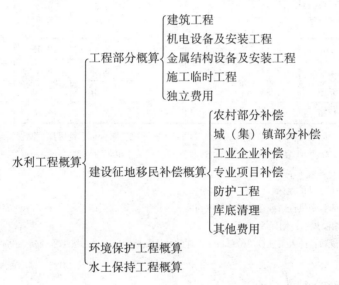

工程部分概算编制、建设征地移民补偿概算编制、环境保护工程概算编制和水土保持工程概算编制，应分别执行有关部门颁发的定额和编制规定，并将结果汇总到工程总概算中。

工程部分概算下设建筑工程概算、机电设备及安装工程、金属结构设备及安装工程、施工临时工程、独立费用五部分，各部分下设一级、二级、三级项目。建设征地移民补偿概算下设七部分，各部分下设一级、二级、三级项目。同样环境保护工程概算、水土保持工程概算分别下设若干部分，各部分下设一级、二级、三级项目。

3.2　基础单价

3.2.1　人工预算单价

人工预算单价按表3-6标准计算。

表3-6　　　　　　　　　　　　　　　　人工预算单价计算标准　　　　　　　　　　　单位：元/工时

类别与等级	一般地区	一类区	二类区	三类区	四类区	五类区 西藏二类区	六类区 西藏三类区	西藏四类区
枢纽工程								
工长	11.55	11.80	11.98	12.26	12.76	13.61	14.63	15.40
高级工	10.67	10.92	11.09	11.38	11.88	12.73	13.74	14.51
中级工	8.90	9.15	9.33	9.62	10.12	10.96	11.98	12.75
初级工	6.13	6.38	6.55	6.84	7.34	8.19	9.21	9.98
引水工程								
工长	9.27	9.47	9.61	9.84	10.24	10.92	11.73	12.11
高级工	8.57	8.77	8.91	9.14	9.54	10.21	11.03	11.40
中级工	6.62	6.82	6.96	7.19	7.59	8.26	9.08	9.45
初级工	4.64	4.84	4.98	5.21	5.61	6.29	7.10	7.47
河道工程								
工长	8.02	8.19	8.31	8.52	8.86	9.46	10.17	10.49
高级工	7.40	7.57	7.70	7.90	8.25	8.84	9.55	9.88
中级工	6.16	6.33	6.46	6.66	7.01	7.60	8.31	8.63
初级工	4.26	4.43	4.55	4.76	5.10	5.70	6.41	6.73

注：1. 艰苦边远地区划分执行人事部、财政部《关于印发〈完善艰苦边远地区津贴制度实施方案〉的通知》（国人部发〔2006〕61号）及各省（自治区、直辖市）关于艰苦边远地区津贴制度实施意见。一至六类地区的类别划分参见《水利工程设计概（估）算编制规定》附录7，执行时应根据最新文件进行调整。一般地区指附录7之外的地区。

2. 西藏地区的类别执行西藏特殊津贴制度相关文件规定，其二至四类划分的具体内容见《水利工程设计概（估）算编制规定》附录8。

3. 跨地区建设项目的人工预算单价可按主要建筑物所在地确定，也可按工程规模或投资比例进行综合确定。

3.2.2　材料预算单价

3.2.2.1　定义

材料是指施工过程中耗用的构成工程实体的原材料、辅助材料、成品、半成品、构件及零件的统称。材料预算价格是指材料自供应地或交货地点运至工地分仓库（或相当于工地分仓库的材料堆放场地）的出库价格。

3.2.2.2　材料的分类

1. 按对工程投资影响程度分

（1）主要材料。指工程中用量多，对工程投资影响大的材料。一般指钢材、木材、水泥、粉煤灰、柴油、火工产品、电缆及母线、砂石料等。

（2）其他材料。除主要材料以外的所有材料，都作为其他材料。

2. 按材料的来源分

（1）外购材料。指建设或施工单位以采购的方式从外单位得到的材料。

（2）自产材料。指由施工或建设单位自己生产的用于本工程的材料。当地建筑材料

（砂、卵石、碎石、块石、条石等）大多属自产材料。由于砂石料的用量很大，砂石生产系统也较庞大，故历来将砂石料当作一种特别的材料对待，按开采方法来计算其价格。

3. 按材料的使用性质分

（1）消耗性材料。指在建筑安装工程生产过程中被消耗掉的材料，如石方开挖工程中的火工材料、内燃机运转中消耗的油料等。

（2）周转使用的材料。指施工过程中只局部消耗（磨损）可重复使用的材料，如浇筑混凝土用的模板、支撑件等。

（3）装置性材料。指施工过程中作为安装对象的材料，如安装工程中的电缆、轨道、管道等。其计算方法详见定额中说明。

3.2.2.3 材料预算价格计算

1. 主要材料预算价格的组成及计算

主要材料预算价格一般包括材料原价、运杂费、运输保险费、采购及保管费四项。其计算公式为：

材料预算价格=（材料原价+运杂费）×（1+采购及保管费率）+运输保险费

材料原价按工程所在地区就近大型物资供应公司、材料交易中心的市场成交价或设计选定的生产厂家的出厂价计算。

运杂费是指材料由产地或供货地点运至工地分仓库或相当于工地分仓库的材料堆放场地所发生的各种运输费、调车费和装卸费等一切费用。由工地分仓库至各施工点的运输费用，已包括在定额内，在材料预算价格中不计算。铁路运输按铁道部现行《铁路货物运价规则》及有关规定计算其运杂费。公路及水路运输，按工程所在省、自治区、直辖市交通部门现行规定计算。

运输保险费是指向保险公司交纳的货物保险费，按工程所在省、自治区、直辖市或中国人民保险公司的有关规定计算。其计算公式为：

材料运输保险费=材料原价×材料运输保险费率

采购及保管费是指材料在采购、供应和保管过程中所发生的各项费用。主要包括材料的采购、供应和保管部门工作人员的基本工资、辅助工资、工资附加费、教育经费、办公费、差旅交通费及工具用具使用费；仓库、转运站等设施的检修费、固定资产折旧费、技术安全措施费和材料检验费；材料在运输、保管过程中发生的损耗等。按材料运到工地仓库价格（不包括运输保险费）作为计算基数，采购及保管费率见表3-7。计算公式为：

材料采购保管费=（材料原价+运杂费）×采购及保管费率

表3-7 采购及保管费率

序号	材料名称	费率（%）
1	水泥、碎（砾）石、砂、块石	3
2	钢材	2
3	油料	2
4	其他材料	2.5

2. 其他材料预算价格计算

其他材料预算价格可参考工程所在地区的工业与民用建筑安装工程材料预算价格或信

息价格。

3. 材料补差

主要材料预算价格超过表3-8规定的材料基价时，应按照基价计入工程单价参与取费，预算价与基价的差值以材料补差形式计算，材料补差列入单价表中并计取税金。

主要材料预算价格低于基价时，按预算价计入工程单价。

计算施工电、风、水价格时，按预算价参与计算。

表3-8　　　　　　　　　　　　　主要材料基价表

序号	材料名称	基价/(元/t)
1	柴油	3500
2	汽油	3600
3	钢筋	3000
4	水泥	300
5	炸药	6000

4. 自采砂石料单价计算

砂石料是指砂、卵（碎）石、块石、条石、材石等当地建筑材料。工程建设中用的砂石料根据其来源分两类，一类是自采砂石料，另一类是外购砂石料。

自采砂石料单价计算比较复杂，方法也较多，但常用的方法有两种，即系统单价法和工序单价法。

（1）系统单价法。系统单价法是以整个砂石料生产系统［从料源开采运输起到骨料运至拌合楼（场）骨料料仓（堆）的生产全过程］为计算单元，用系统的班（或时）生产总费用除以系统班（或时）骨料产量求得骨料单价。计算公式为：

骨料单价＝系统(班或时)生产总费用/系统(班或时)骨料产量

系统生产总费用中人工费按施工组织设计确定的劳动组合计算的人工数量，乘相应的人工单价求得。机械使用费按施工组织设计确定的机械组合所需机械型号、数量分别乘相应的机械台时单价（可用部颁施工机械台时费定额计算）。材料费可按有关定额计算。

系统产量应考虑施工期不同时期（初期、中期、末期）的生产不均匀性等因素，经分析计算后确定。

系统单价法避免了影响计算成果准确性的损耗和体积变化这两个微妙问题，计算原理相对科学。但要求施工组织设计应达到一定的深度，系统的单位时间生产总费用计算才能准确。砂石生产系统单位时间平均产量值的确定难度较大，有一定程度的任意性。

（2）工序单价法。工序单价法是将砂石料生产系统，分解成若干个工序，以工序为计算单元，先计算工序单价，累计工序单价后，再加各种摊销费用。

自采砂石料单价是指从料场覆盖层清除、毛料开采运输、预筛分破碎、筛洗贮存到成品运至混凝土拌制系统骨料仓的全部生产过程所发生的全部费用。

水利工程砂石料由承包商自行采备时，砂石料单价应根据料源情况、开采条件和工艺流程计算，并计入间接费、利润及税金。

（3）砂石料生产的主要工序。

1）覆盖层清除。开挖清理料场表面的杂草、树木、腐殖土或风化岩石及夹泥层，并将其运送到施工组织设计选定的地方。

2）毛料开采运输。按施工组织设计选定的施工方法开采料场砂砾料或岩石，并运至筛分场毛料场。

3）预筛分。将毛料中的超径石（$d>150mm$）隔离。

4）超径石破碎。将隔离的超径石用破碎机破碎。

5）筛洗加工。通过筛分楼和洗砂机将混合砂石料分离为设计需要的不同粒径组（$d<5mm$，$d=5\sim20mm$，$d=20\sim40mm$，$d=40\sim80mm$，$d=80\sim150mm$）的骨料。

6）中间破碎。由于生产和级配平衡的需要，将一部分多余的大粒径骨粒进行破碎加工。

7）成品运输。将各种粒径组的成品骨料运到储料场。

8）二次筛分。成品骨料经长距离运输或长期堆放，造成逊径或含泥量超过规定，需要进行第二次筛分。

9）机制砂。当缺乏天然砂时，可采用机械设备将碎石制成人工砂。

以上各工序可根据料场天然级配和混凝土生产需要，在施工组织设计中确定其取舍与组合。

（4）砂石料单价计算步骤。

1）搜集基本资料。为保证砂石料单价计算准确可靠，必须搜集以下基本资料：

① 料场位置、地形、工程地质和水文地质条件，开采与运输条件。

② 料场储量、可开采量；需要清除覆盖层厚度、性质、数量及其占毛料开采量的比例与清除方法；各料场开采量占总开采量的比例。

③ 毛料开采运输、预筛分破碎、筛洗加工、废料处理及成品料堆存运输的施工方法。

④ 料场砂砾料的天然级配、各种级配的混凝土工程量及设计成品骨料需要量和级配平衡计算成果。

⑤ 砂石料生产系统工艺流程及设备配置与生产能力。

2）确定计算参数。

① 覆盖层清除摊销率。覆盖层清除量占设计成品骨料量的百分比为覆盖层清除摊销率。

即覆盖层清除摊销率＝覆盖层清除量/成品骨料量×100%

如果有若干个料场，应分别计算。

② 弃料处理摊销率。由天然砂石料筛洗加工成合格骨料过程中产生的弃料总量是毛料开采量与设计成品骨料量之差，它包括天然级配与设计级配不同而产生的级配弃料、超径弃料、筛洗剔除的杂质和含泥量以及施工损耗。在砂石料单价计算中，施工损耗在工序单价中考虑，不再计入弃料处理摊销率，只对超径弃料和级配弃料（包括筛洗剔除的杂质与含泥量）分别计算摊销率。如施工组织设计规定某种弃料需装运到指定弃料地点时，则应再计算该弃料运输费的摊销率，即弃料处理摊销率。

超径弃料摊销率＝超径弃料量/设计成品骨料量×100%

级配弃料摊销率＝级配弃料量/设计成品骨料量×100%

如果采用机制砂，还应计算机制砂加工过程中石粉废料清除摊销率。即

机制砂石粉废料处理摊销率＝石粉废料量/成品砂量×100%

3）工序单价计算。

① 覆盖层清除单价应根据施工组织设计确定的清除方式，按一般土石方定额以自然方计算其开挖和装、运、卸单价。

② 毛料采运单价根据施工组织设计确定的施工方法，按定额"砂石备料部分"相应分项定额以成品方计算毛料开挖和运输单价。当从几个料场开采砂石料或水上、水下开采时，应分别编制单价，然后采用加权平均法计算毛料采运综合单价。

③ 毛料破碎、筛洗加工单价根据施工组织设计的工序流程，按定额"砂石备料部分"相应分项定额以成品方计算。毛料加工工序因毛料来源不同而异。砂石料加工包括预筛分、超径石破碎、筛洗、中间破碎、二次筛分、堆存及弃料清除等工序单价；人工砂石料加工包括毛料粗碎、中碎、细碎筛分、冲洗、成品堆存及弃料清除等工序单价。

④ 弃料单价应为弃料处理工序的砂石单价，即弃料处理前所经过的所有工序单价乘相应工序单价系数之和。若弃料需经挖装运输至指定弃料地点时，其运费按清除的施工方法，采用相应的定额计算弃料处理单价。

⑤ 成品料运输单价是指由砂石料生产系统的成品料堆贮场运至混凝土拌合系统骨料堆存场或储料仓所发生的装卸、运输、堆存的费用，该费用根据运输条件和运输方式计算。

4）砂石料综合单价。

① 工序单价相加构成基本单价。

② 覆盖层清除单价，弃料单价和弃料处理单价以及废料处理单价分别乘以相应的摊销率相加构成附加单价。

③ 基本单价和附加单价之和构成该料场的砂石料计算单价。

④ 弃料利用于其他工程或销售的部分，应按比例降低上述计算单价。

⑤ 如有几个料场或生产系统，应根据各料场或生产系统所担负的砂石料生产比例，加权平均计算该工程的砂石料综合单价。

5. 外购砂石料单价计算

对于小型工程，因当地砂石料缺乏或料场储量不能满足工程需要，或者因砂石料用量较少，不宜自采砂石料时，可从附近砂石料场采购。外购砂石料单价包括原价、运杂费、损耗、采购保管费四项费用，其计算公式为：

外购砂石料单价＝（原价＋运杂费）×（1＋损耗率）×（1＋采购保管费率）

原价指砂石料产地的销售价。

运杂费指由砂石料产地运至工地砂石料堆料场所发生的运输费、装卸费等。

损耗包括运输损耗和堆存损耗两部分，其损耗率可参照下列标准：

每转运一次的运输损耗率为：砂子 1.5%，石子 1%。

堆存损耗率＝砂（石）料仓（堆）的容积×4%（石子用2%）/通过砂（石）料仓（堆）的总堆存量×100%。

采购保管费率应为 3%，其中包括材料运输、保管过程中所发生的损耗等。

外购砂、碎石（砾石）、块石、料石等材料预算价格超过 70 元/m³ 时，应按基价70元/m³ 计入工程单价参加取费，预算价格与基价的差额以材料补差形式进行计算，材料补差列入单价表中并计取税金。

3.2.3　施工用电、水、风预算价格

3.2.3.1　施工用电价格

工程施工用电，一般有两种供电方式：由国家或地方电网及其他电厂供电的外购电和由施工企业自建发电厂供电的自发电。

施工用电的分类，按用途可分为生产用电和生活用电两部分。生产用电系指直接计入工程成本的用电，包括施工机械用电、施工照明用电和其他生产用电。电价计算范围仅指生产用电。生活用电不直接用于生产，应在间接费内开支或由职工负担，不在施工用电电价计算范围内。

1. 电价的组成

施工用电价格由基本电价、电能损耗摊销费和供电设施维修摊销费组成，根据施工组织设计确定的供电方式以及不同电源的电量所占比例，按国家或工程所在省、自治区、直辖市规定的电网电价和规定的加价进行计算。

（1）基本电价。包括以下两部分：

1）外购电的基本电价。指按规定所需支付的供电价格。

2）自发电的基本电价。指发电厂（包括柴油、燃煤发电厂或水力发电厂等）发电成本。

（2）电能损耗摊销费。

1）外购电的电能损耗摊销费指从施工企业与供电部门的产权分界处起到现场各施工点最后一级降压变压器低压侧止，所有变配电设备和输配电线路上所发生的电能损耗摊销费。包括由高压电网到施工主变压器高压侧之间的高压输电线路损耗和由主变压器高压侧至现场各施工点最后一级降压变压器低压侧之间的变配电设备及高压配电线路损耗两部分。

2）自发电的电能损耗摊销费指从施工企业自建发电厂的出线侧至现场各施工点最后一级降压变压器低压侧止，所有变配电设备和输配电线路上发生的电能损耗费用。

从最后一级降压变压器低压侧至施工用电点的施工设备和低压配电线路损耗，已包括在各用电施工设备、工器具的台时耗电定额内，电价中不再考虑。

（3）供电设施摊销费指摊入电价的变配电设备的基本折旧费、修理费、安装拆卸费、设备及输配电线路的运行维护费。

2. 电价计算

施工用电价格计算公式：

$$电网供电价格 = \frac{基本电价}{(1-高压线路损耗率) \times (1-35kV 以下变配电设备及线路损耗率)} + 供电设施维修摊销费(变配电设备除外)$$

$$\begin{matrix} 柴油发电机供电价格 \\ (自设水泵供冷却水) \end{matrix} = \frac{柴油发电机组（台）时总费用+水泵组（台）时总费用}{柴油发电机额定容量之和 \times K} / $$
$$(1-厂用电率)/(1-变配电设备及配电线路损耗率) + 供电设施维修摊销费$$

柴油发电机供电如采用循环冷却水，不用水泵，电价计算公式为：

$$柴油发电机供电价格=\frac{柴油发电机组（台）时总费用}{柴油发电机额定容量之和×K}/（1-厂用电率）/$$

$$（1-变配电设备及配电线路损耗率）+单位循环冷却$$

水费+供电设施维修摊销费

式中　　　　　　　K——发电机出力系数，一般取 0.8～0.85；外购电价以元/（kW·h）计。

基本电价——按国家及各省、市、自治区物价主管部门规定的电价确定。

厂用电率——取 3%～5%；

高压输电线路损耗率——可取 3%～5%；

变配电设备及配电线路损耗率——可按 4%～7%计取；

供电设施摊销费——取 0.04～0.05 元/（kW·h）；

单位循环冷却水费——取 0.05～0.07 元/（kW·h）；

线路短、用电负荷集中的取小值，反之取大值。

3.2.3.2　施工用水价格

基本建设工程的施工用水，包括生产用水和生活用水两部分。生产用水指直接进入工程成本的施工用水，包括施工机械用水、砂石料筛洗用水、混凝土拌制养护用水、钻孔灌浆生产用水等。生活用水主要指用于职工、家属的饮用和洗涤等的用水。基本建设工程概算中施工用水的水价，仅指生产用水的水价。生活用水应由间接费用开支或职工自行负担，不属于水价计算范畴。如生产、生活用水采用同一系统供水。凡为生活用水而增加的费用（如净化药品费等），均不应摊入生产用水的单价内。生产用水如需分别设置几个供水系统，则可按各系统供水量的比例加权平均计算综合水价。

1. 水价的组成

施工用水价格由基本水价、供水损耗和供水设施维修摊销费组成。根据施工组织设计所配置的供水系统设备组（台时）总费用和组（台时）总有效用水量计算。

2. 水价计算

水价计算公式：

$$施工用水价格=\frac{水泵组台时总费用}{水泵额定容量之和×K}/（1-供水损耗率）+供水设施维修摊销费$$

式中　　　　　　　K——能量利用系数，取 0.75～0.85；

供水损耗率——取 6%～10%；

供水设施维修摊销费——取 0.04～0.05 元/m³。

注：① 施工用水为多级提水并中间有分流时，要逐级计算水价。

② 施工用水有循环用水时，水价要根据施工组织设计的供水工艺流程计算。

3.2.3.3　施工用风价格

工程施工用风主要用于石方、混凝土、金属结构和机电设备安装等工程中风动机械所需的压缩空气。压缩空气可由固定式空压机或移动式空压机供给。前者供风量大，可靠性高，成本较低，易适应负荷变化。后者机动灵活、管路短、损耗少，临时设施简单。为保证风压，减少管路损耗，顾及施工初期及零星工程用风需要，一般工程多采用分区布置供风系统，以由多台固定式空压机组成的压风厂为主，并辅以适量的移动式空压机，这时，风价应按各系统供风量的比例加权平均计算。采用移动式空气压缩机供风时，宜与用风的施工机械配套，以空压机台时数乘台时费直接进入工程单价，不再计算其风价。

1. 风价的组成

施工用风价格，由基本风价、供风损耗和供风设施维修摊销费组成，根据施工组织设计所配置的空气压缩机系统设备组时总费用和组时总有效供风量计算。

2. 风价计算

施工用风价格，根据冷却水的不同供水方式计算：

（1）采用水泵供水

$$施工用风价格 = \frac{空气压缩机组（台）时总费用 + 水泵组（台时）总费用}{空气压缩机额定容量之和 \times 60 分钟 \times K} / \\ （1 - 供风损耗率）+ 供风设施维修摊销费$$

（2）采用循环冷却水

$$施工用风价格 = \frac{空气压缩机组（台）时总费用}{空气压缩机额定容量之和 \times 60 分钟 \times K} / （1 - 供风损耗率）+ \\ 单位循环冷却水费 + 供风设施维修摊销费$$

式中　　　　　K——能量利用系数，取 0.7～0.85；

　　　供风损耗率——取 6%～10%；

　　　单位循环冷却水费——取 0.007 元/m^3；

　　　供风设施维修摊销费——取 0.004～0.005 元/m^3。

3.2.4　施工机械台时费

施工机械台时费是指一台施工机械在一个作业时（称为一个台时）为使机械正常运转所支出和分摊的各项费用之和。台时费是计算建筑安装工程单价中机械使用费的基础单价。

3.2.4.1　施工机械台时费的组成内容及计算方法

施工机械台时费由三类费用组成，即一类费用、二类费用和三类费用。

1. 一类费用

一类费用分为折旧费、修理及替换设备费（含大修理费、经常性修理费）和安装拆卸费等费用组成。施工机械台时费定额中，一类费用按定额编制年的物价水平以金额形式表示，编制台时费时应按主管部门颁发的调整系数进行调整。

（1）折旧费。指施工机械在寿命期内回收原值的台时折旧摊销费用。

（2）修理及替换设备费。指机械使用过程中，为使机械保持正常功能而进行修理所需费用，日常保养所需的润滑油料费、擦拭用品费、机械保管费以及替换设备、随机使用的工具附具等所需要的台时摊销费用。

（3）安装拆卸费。指机械进出入工地的安装、拆卸、试运转和场内转移及辅助设施的摊销费用。不需要安装拆卸的施工机械，台时费中不计列此项费用。

2. 二类费用

二类费用分为人工、动力、燃料或消耗材料，以工时数量和实物消耗量表示，其数量指标一般不允许调整，其费用按国家规定的人工工资计算办法和工程所在地的物价水平分别计算。

（1）人工。指机械使用时运转时操作人员的工时消耗。包括机械运转时间、辅助时间、用餐、交接班以及必要的机械正常中断时间。施工机械台时费中人工费按中级工计算。

（2）动力、燃料或消耗材料。指机械正常运转所需的风（压缩空气）、水、电、油及煤等。其中，机械消耗电量包括机械本身和最后一级降压变压器低压侧至施工用电点之间的线路损耗，风、水消耗包括机械本身和移动支管的消耗。

$$二类费用=\sum 人工及动力、燃料消耗材料量×相应单价$$

式中相应单价指工程所在地编制年的人工预算单价和材料预算价格。

3. 三类费用

三类费用是指应计入台时费的其他费用，主要包括养路费、牌照税、车船使用税及保险费等，应按各省、自治区、直辖市现行规定收费标准计算。不领取牌照，不交纳养路费的非车、船类施工机械不计算。定额中给出了机械的年工作台时数，供计算该项费用时采用。三类费用计算公式如下：

$$三类费用=养路费标准[元/(t·月)]×12(月/年)×吨位(t)+年牌照税(元/年)+$$
$$车船使用税标准[元/(t·年)]×吨位(t)+年保险费(元/年)/工作台时/年$$

3.2.4.2　补充施工机械台时费的编制

当施工组织设计选取的施工机械在台时费定额中缺项，或规格、型号不符时，必须编制补充施工机械台时费，其水平要与同类机械相当。编制时一般依据该机械的价格、年折旧率、年工作台时、额定功率以及额定动力或燃料消耗量等参数，按施工机械台时费定额的编制方法进行编制。

1. 一类费用

（1）基本折旧费。

$$台时基本折旧费=机械预算价格×(1-残值率)/机械寿命台时$$

式中各参数的含义如下：

1）机械预算价格。包括：

① 进口施工机械预算价格，包括到岸价、关税、增值税（或产品税）、调节税、进出口公司手续费、人民币保证金和银行手续费、国内运杂费等项费用，按国家现行有关规定和实际调查资料计算。

② 国内机械预算价格=设备出厂价+运杂费（基本运杂费一般按设备出厂价的5%计算）。

③ 公路运输机械，如汽车、拖车等，按国务院发布的《车辆购置附加费征收办法》规定，需增加车辆购置附加费。国内生产和组装的车辆购置附加费，规定为车辆出厂价的10%。进口车辆购置附加费=（到岸价+关税+增值税）×15%。

2）残值率：系指机械达到使用寿命需要报废时的残值，扣除清理费后占机械预算价格的百分率。一般可取4%～5%。

3）机械寿命台时：寿命台时又称耐用总台时，系指机械按使用台时数计算的服务寿命。其值根据不同机械的性能确定。

$$寿命台时 = 使用年限 × 年工作台时$$

式中　使用年限——国家规定的该种机械从使用到报废的平均工作年数。

年工作台时——该种机械在使用期内平均全年运行的台时数。

（2）修理费、替换设备费及安装拆卸费。该项费用根据选用设备的容量、吨位、动力等是否在台时费定额范围内，分别按以下方法计算：

1）选用设备的容量、吨位、动力等在定额范围内，按定额相应设备种类中的各项费用占基本折旧费的比例计算。

2）选用设备的容量、吨位、动力等大于台时费定额范围时，按定额相应设备计算出各项费用占基本折旧费的比例后，再乘以 0.8～0.95 系数。设备容量、吨位或动力接近定额的取大值，反之取小值。

2. 二类费用

（1）机上人工费

$$台时机上人工费 = 机上人工工时数 × 人工预算单价$$

机上人员，指直接操纵施工机械的司机、司炉及其他操作人员。机械人工工日数，按机械性能、操作需要和三时制作业等特点确定。一般配备原则为：

1）一般中小型机械，原则上配一人。

2）大型机械，一般配二人。

3）特大型机械，根据实际需要配备。

4）一人可照看多台同时运行的机械（如水泵等），每台配少于一人的人工。

5）为适应三时作业需要，部分机械可配备大于一人小于二人的人工。

6）操作简单的机械（如风钻、振捣器等）和本身无动力的机械（如羊足碾等）在建筑工程定额中计列操作工人，台时费定额中不列机上人员。

编制补充机械台时费定额时，可参照同类机械确定机上人工工日数。

（2）动力、燃料费。

1）电动机械台时电力消耗量计算

$$Q = KN$$
$$K = K_1 K_2 K_3 K_4$$

式中　Q——台时电力消耗量，kW·h；

N——电动机额定功率，kW；

K——电动机综合利用系数；

K_1——电动机时间利用系数；

K_2——电动机出力系数；

K_3——低压线路电力损耗系数；

K_4——平均负荷时电动机有效利用系数。

2）内燃机械台时燃料消耗量计算

$$Q = NGK$$
$$K = K_1 K_2 K_3 K_4$$

式中　Q——台时燃料消耗量，kg（柴油或汽油）；

N——发动机额定功率，kW；

G——额定耗油量，kg/kW·h；

K——发动机综合利用系数；

K_1——发动机时间利用系数；

K_2——发动机出力系数；

K_3——单位油耗改正系数；

K_4——油料损耗增加系数。

3）蒸汽机械台时水、煤消耗量计算

$$Q = NGK$$
$$K = K_1 K_2 K_3$$

式中　Q——台时水、煤消耗量，kg；

N——发动机额定功率，kW；

G——额定水、煤耗用量，kg/kW·h；

K——发动机综合利用系数；

K_1——发动机时间利用系数；

K_2——发动机出力系数；

K_3——水、煤损耗增加系数。

4）风动机械台时压气消耗量计算

$$Q = 60qK$$
$$K = K_1 K_2$$

式中　Q——台时压气消耗量，m³；

q——风动机械压气消耗量，m³/min；

K——风动机械综合利用系数；

K_1——风动机械时间利用系数；

K_2——压气损耗增加系数。

二类费用 = $\sum$ 人工、动力、燃料量×相应单价

3. 三类费用

三类费用的计算按各地有关规定及同类机械年工作台时用前述公式计算。

一、二、三类费用之和即为补充施工机械台时费。

3.2.5　混凝土及砂浆单价的计算

根据设计确定的不同工程部位的混凝土强度等级、级配和龄期，分别计算出每立方米混凝土材料的单价，计入相应的混凝土工程概算单价内。其混凝土配合比的各项材料用量，应根据工程试验提供的资料计算。若无试验资料时，也可参照《水利建筑工程定额》附录混凝土材料配合比及材料用量表。

当采用商品混凝土时，其材料单价应按基价200元/m³计入工程单价参加取费，预算价格与基价的差额以材料补差形式进行计算，材料补差列入单价表中并计取税金。

混凝土材料单价指按配合比计算的砂、石、水泥、水、掺和料和外加剂等每立方米混凝土中需要的材料费用的价格，不包括混凝土的拌制、运输和浇筑等工序的人工和机械费用，也不包含除搅拌损耗外的施工操作损耗及超填量等。

混凝土或砂浆材料单价 = $\sum$ 1m³混凝土或砂浆材料用量×相应单价

例 某水利工程的大坝混凝土需要强度等级为 C30 的四级配的纯混凝土，水泥强度为 42.5MPa，水的价格为 1.0 元/m³，42.5 水泥 298 元/t，砂子 68 元/m³，石料 65 元/m³，计算每立方米混凝土材料的单价。

解 查水利部《水利建筑工程概算定额》附录 7，可知每立方米上述要求的混凝土需要 42.5 号水泥 230kg，砂 0.32m³，石 1.06m³，水 0.11m³，则

$$混凝土材料价格 = 0.23×298+0.32×68+1.06×65+0.11×1 = 159.31 \ 元/m^3$$

3.3 工程单价

3.3.1 概述

工程单价分建筑工程单价和安装工程单价两类，是编制建筑安装工程投资的基础。它直接影响工程总投资的准确程度。

工程单价，系指以价格形式表示的完成单位工程量（如 1m³、1 套等）所耗用的全部费用。包括直接费、间接费、利润、材料补差和税金五部分。

1. 工程单价组成的三要素

建筑安装工程单价由"量、价、费"三要素组成。

量：指完成单位工程量所需的人工、材料和施工机械台时数量。

价：指人工预算单价、材料预算单价和施工机械台时费等基础单价。

费：指按规定计入工程单位的其他直接费、间接费、利润、材料补差和税金等。

2. 三要素的确定

人工、材料和机械台时数量，须根据设计图纸及施工组织设计等资料，正确选用概预算定额的相应子目的规定量。

人工、材料和机械台时单价，已在本章第二节中介绍。

其他直接费、间接费、利润、材料补差和税金等，按规定的取费标准计算。

3.3.2 建筑工程单价编制

1. 编制步骤

（1）了解工程概况，熟悉设计图纸，搜集基础资料，确定定额和取费标准。

（2）根据工程特征和施工组织设计确定的施工方法、施工机械配备情况及施工条件，正确选用定额子目。

（3）根据本工程基础单价和有关费用标准，计算人工费、材料费、施工机械使用费、其他直接费、现场经费、间接费、企业利润、税金和材料价差，并加以汇总，得出工程单价。

水利部现行规定的建筑工程单价计算举例见表 3-9。

表 3-9　　　　　　　　　　　建筑工程单价表

单价编号	001	项目名称	平洞石方开挖	
定额编号	水利部概 2002-20222		定额单位	100m³
施工方法	断面 60m²、风钻钻孔、X 级岩石			

编号	名称	单位	数量	单价/元	合计/元
一	直接费				13 837.07
(一)	基本直接费				12 753.06
1	人工费				3595.31
	工长	工时	10.00	11.55	115.50
	高级工	工时	0.00	10.67	0.00
	中级工	工时	161.70	8.90	1439.13
	初级工	工时	332.90	6.13	2040.68
2	材料费				4409.55
	合金钻头	个	6.03	206.00	1242.18
	炸药	kg	115.00	6.00	690.00
	雷管	个	125.00	13.00	1625.00
	导火线	m	301.00	1.50	451.50
	其他材料费	%	10.00	4008.68	400.87
3	机械使用费				2585.39
	风钻 气腿式	台时	25.84	53.78	1389.68
	风钻 手持式	台时	14.59	15.34	223.77
	轴流通风机 55kW	台时	15.95	48.93	780.43
	其他机械费	%	8.00	2393.88	191.51
4	石渣运输	m³	113.00	19.14	2162.82
(二)	其他直接费	%	8.50	12 753.06	1084.01
二	间接费	%	11.00	13 837.07	1522.08
三	利润	%	7.00	15 359.15	1075.14
四	材料补差				172.50
	炸药	kg	115.00	1.50	172.50
五	税金	%	3.22	16 606.79	534.74
	合计				17 141.53

2. 编制方法

(1) 按单价编号、项目名称、定额编号、定额单位等分别填入表中相应位置。表中"名称"一栏,应填写详细内容,如混凝土要分强度等级、级配等。

(2) 将定额中的人工、材料、机械等消耗量,以及相应的人工预算单价、材料预算价格和机械台时费分别填入表中相应各栏。

(3) 按"消耗量×单价"的方法,得出相应的人工费、材料费和机械使用费,相加得出直接费。

(4) 根据规定的费率标准,计算其他直接费、现场经费、间接费、企业利润、税金等。当存在材料价差时,再计入纳税后的材料价差,最后汇总即得出该工程单位产品的价格。

3. 混凝土工程单价

由于混凝土材料的特殊性，混凝土工程单价的编制也有其特殊性，并且在水利工程中混凝土的用量相当大，混凝土单价的编制也直接影响总投资的精度。认真编制混凝土工程单价，对工程造价的质量也有决定性的影响。

混凝土的拌制包括配料、搅拌和出料等工序。有些定额中，混凝土拌制所需人工、机械都已经在浇筑定额的相应项目中体现。若在定额中未列混凝土搅拌机械，则需套用拌制定额编制混凝土拌制的单价。

混凝土运输是指混凝土自搅拌机出料口至浇筑现场工作面的运输，是混凝土工程施工的一个重要环节，包括水平运输和垂直运输两部分。由于混凝土拌制后不能久存，运输过程又对外界影响十分敏感，工作量大，涉及面广，故常成为制约施工进度和施工质量的关键。

定额子项目中，与混凝土有关的，均涉及到混凝土的拌制与混凝土的运输。可依据工程的实际情况采用不同的运输和拌制方式。在工程单价的计算过程中，应计入混凝土拌制与混凝土运输的直接费。

下面用计算表格举例说明混凝土工程单价的编制，见表 3-10～表 3-12。

表 3-10 混凝土拌制工程单价表

单价编号	002	项目名称		混凝土拌制	
定额编号	水利部概 2002-40177		定额单位		100m³
施工方法	搅拌楼拌制，搅拌楼容量 4×3.0m³				
编号	名称	单位	数量	单价/元	合计/元
一	直接费				1282.50
（一）	基本直接费				1182.02
1	人工费				83.43
	工长	工时	0.50	11.55	5.78
	高级工	工时	0.50	10.67	5.34
	中级工	工时	4.20	8.90	37.38
	初级工	工时	5.70	6.13	34.94
2	材料费				56.29
	零星材料费	%	5.00	1125.74	56.29
3	机械使用费				1042.31
	搅拌楼	台时	0.62	1134.84	703.60
	骨料系统	台时	0.62	166.54	103.25
	水泥系统	台时	0.62	379.76	235.45
（二）	其他直接费	%	8.50	1182.02	100.47
二	间接费	%	8.00	1282.50	102.60
三	利润	%	7.00	1385.10	96.96
四	税金	%	3.28	1482.05	48.61
	合计	元			1530.66

表 3-11　　　　　　　　　　　　　　混凝土运输工程单价表

单价编号	003	项目名称		混凝土运输	
定额编号	水利部概 2002-40204		定额单位		100m³
施工方法	搅拌楼给料，自卸汽车 20t 运输，运距 1km				
编号	名称	单位	数量	单价/元	合计/元
一	直接费				1305.44
（一）	基本直接费				1203.17
1	人工费				173.58
	工长	工时	0.00	11.55	0.00
	高级工	工时	0.00	10.67	0.00
	中级工	工时	14.20	8.90	126.38
	初级工	工时	7.70	6.13	47.20
2	材料费				57.29
	零星材料费	%	5.00	1145.88	57.29
3	机械使用费				972.30
	自卸汽车 20t	台时	6.05	160.71	972.30
（二）	其他直接费	%	8.50	1203.17	102.27
二	间接费	%	8.00	1305.44	104.44
三	利润	%	7.00	1409.87	98.69
四	税金	%	3.28	1508.57	49.48
	合计	元			1558.05

表 3-12　　　　　　　　　　　　　　坝体混凝土工程单价表

单价编号	004	项目名称		坝体混凝土	
定额编号	水利部概 2002-40004		定额单位		100m³
施工方法	一般层厚，机械化，C20				
编号	名称	单位	数量	单价/元	合计/元
一	直接费				32 912.95
（一）	基本直接费				30 334.52
1	人工费				1015.72
	工长	工时	5.10	11.55	58.91
	高级工	工时	5.10	10.67	54.42
	中级工	工时	64.20	8.90	571.38
	初级工	工时	54.00	6.13	331.02
2	材料费				26 202.20
	混凝土 C20	m³	103.00	246.35	25 374.05
	砂浆	m³	1.00	219.62	219.62
	水	m³	46.00	2.06	94.76

编号	名称	单位	数量	单价/元	合计/元
	其他材料费	%	2.00	25 688.43	513.77
3	机械使用费				636.20
	振动器 1.5kW	台时	1.06	2.97	3.15
	变频机组 8.5kVA	台时	0.53	15.28	8.10
	平仓振捣机 40kW	台时	1.23	157.36	193.55
	风水枪	台时	7.53	49.61	373.56
	其他机械费	%	10.00	578.36	57.84
4	混凝土及砂浆拌制	m³	104.00	11.82	1229.28
5	混凝土及砂浆运输	m³	104.00	12.03	1251.12
(二)	其他直接费	%	8.50	30 334.52	2578.43
二	间接费	%	8.00	32 912.95	2633.04
三	利润	%	7.00	35 545.99	2488.22
四	税金	%	3.28	38 034.21	1247.52
	合计	元			39 281.73

3.3.3 安装工程单价编制

安装工程定额主要有两种表示形式，一种是实物量式，另一种是百分率式。即使同一本定额，不同项目也可能采用不同的表示形式。因此，编制安装工程单价，由于定额表示方式不同而有所差异。

3.3.3.1 实物量式定额的安装工程单价编制

以实物量式表示的安装工程定额，其安装工程单价的编制与前述建筑工程单价的编制方法和步骤完全相同，不再重述。下面以电力变压器安装和轨道安装为例，给出实物量式定额的安装工程单价编制实例，分别见表3-13和表3-14。

表3-13　　　　　　　　　电力变压器安装工程单价表

单价编号	005	项目名称		电力变压器	
定额编号	水利部概 2002-07001			定额单位	台
型号规格	三相双卷 35kV，800kVA				
编号	名称	单位	数量	单价/元	合计/元
一	直接费				23 749.29
(一)	基本直接费				21 788.34
1	人工费				13 996.74
	工长	工时	91.00	11.55	1051.05
	高级工	工时	508.00	10.67	5420.36
	中级工	工时	652.00	8.90	5802.80
	初级工	工时	281.00	6.13	1722.53

编号	名称	单位	数量	单价/元	合计/元
2	材料费				5284.02
	型钢	kg	17.00	4.04	68.68
	垫铁	kg	10.00	3.90	39.00
	电焊条	kg	18.00	6.06	109.08
	氧气	m³	19.00	15.15	287.85
	乙炔气	m³	9.00	15.15	136.35
	变压器油	kg	35.00	8.08	282.80
	油漆	kg	26.00	11.00	286.00
	镀锌螺栓	套	355.00	5.00	1775.00
	滤油纸	张	228.00	1.01	230.28
	石棉布	m²	6.00	2.02	12.12
	木材	m³	0.30	880.00	264.00
	枕木	根	3.00	20.00	60.00
	电	kWh	1300.00	0.60	780.00
	其他材料费	%	22.00	4331.16	952.86
3	机械使用费				2507.58
	汽车起重机 5t	台时	10.00	63.47	634.70
	电焊机 20～30kVA	台时	41.00	9.42	386.22
	压力滤油机 150	台时	27.00	36.00	972.00
	载重汽车 5t	台时	5.00	57.34	286.70
	其他机械费	%	10.00	2279.62	227.96
（二）	其他直接费	%	9.00	21 788.34	1960.95
二	间接费	%	75.00	13 996.74	10 497.56
三	利润	%	7.00	34 246.84	2397.28
四	税金	%	3.28	36 644.12	1201.93
	合计	元			37 846.05

表 3-14　　　　　　　　　　轨道安装工程单价表

单价编号	006	项目名称		轨道	
定额编号	水利部概 2002-09089			定额单位	双 10m
型号规格	轨道安装 24kg/m 型				
编号	名称	单位	数量	单价/元	合计/元
一	直接费				2262.00
（一）	基本直接费				2075.23
1	人工费				1416.74
	工长	工时	8	11.55	92.40

编号	名称	单位	数量	单价/元	合计/元
	高级工	工时	33	10.67	352.11
	中级工	工时	81	8.90	720.90
	初级工	工时	41	6.13	251.33
2	材料费				408.40
	钢板	kg	24.6	5.05	124.23
	型钢	kg	21.1	4.04	85.24
	电焊条	kg	4.2	6.06	25.45
	氧气	m³	6.3	15.15	95.45
	乙炔气	m³	2.7	15.15	40.91
	其他材料费	%	10	371.28	37.13
3	机械使用费				250.08
	汽车起重机 8t	台时	1.9	84.70	160.93
	电焊机 25kVA	台时	8.2	9.42	77.24
	其他机械费	%	5	238.17	11.91
(二)	其他直接费	%	9	2075.23	186.77
二	间接费	%	75	1416.74	1062.56
三	利润	%	7	3324.55	232.72
四	装置性材料				7710.20
	钢轨	kg	504	7.21	3633.84
	垫板	kg	598	5.05	3019.90
	型钢	kg	131	4.04	529.24
	螺栓	kg	87	6.06	527.22
五	税金	%	3.28	11 267.47	369.57
	合计	元			11 637.04

3.3.3.2　百分率式定额的安装工程单价编制

百分率式定额给出了人工费、材料费和机械使用费各占设备原价的百分数。在编制安装工程单价时，由于设备原价是根据市场价格确定的，因此，材料费费率和机械使用费费率不需进行调整，仅将人工费费率进行调整。

计算式为：

$$人工费=定额人工费费率(\%)×设备原价$$
$$材料费=定额材料费费率(\%)×设备原价$$
$$机械使用费=定额机械使用费费率(\%)×设备原价$$

人工费率的调整，应根据定额主管部门当年发布的北京地区人工预算单价，与该工程设计概算采用的人工预算单价进行对比，测算其比例系数，据以调整人工费率指标。

人工费率指标调整系数为：

人工费率指标调整系数 K_1 ＝该工程人工预算单价/定额人工预算单价

进口设备安装应按本定额的费率，乘以相应国产设备的原价水平对进口设备原价的比例系数，换算为进口设备安装费率。

如，某进口设备原价为国产设备原价的 1.6 倍，该国产设备安装费率为 8%，则：

$$该进口设备安装费率＝国产设备安装费率 8\%/1.6＝5\%$$

以百分率表示的定额，其安装工程单价计算过程举例说明如下。

例 某国产高压电气设备的安装，设备原价为 420 000 元，人工费费率调整系数为 1.0，其安装费计算见表 3-15。

表 3-15　　　　　　　　　　　高压电气设备安装工程单价表

单价编号	007	项目名称	高压电气设备	
定额编号	水利部概 2002-07073		定额单位	台
型号规格	电压 35kV			
编号	名称	单位	数量	单价/元	合计/元
一	直接费				29 757.00
（一）	基本直接费				27 300.00
1	人工费	%	3	420 000	12 600.00
2	材料费	%	1.9	420 000	7980.00
3	机械使用费	%	1.6	420 000	6720.00
4	装置性材料费	%	1	420 000	4200.00
（二）	其他直接费	%	9	27 300.00	2457.00
二	间接费	%	75	12 600.00	9450.00
三	利润	%	7	39 207.00	2744.49
四	税金	%	3.28	41 951.49	1376.01
	合计	元			43 327.50

3.4　细部结构指标

细部结构指标是编制设计概算时，因设计深度所限，无法准确计算细部结构工程量，一般用建筑物本体方量乘以细部结构指标估算细部结构投资。然而由于细部结构指标仅反映的是细部结构的基本直接费因素，未计入各项取费因素和物价上涨因素，因此，在具体应用时，以综合系数 K_2 反映其他直接费、间接费、利润和税金；以调价系数 K_3 反映物价上涨因素。则细部结构造价为：细部结构指标×建筑物本体方量×K_2×K_3。

例如，某混凝土重力坝的本体方量为 200 万 m^3，由表 2-6"水工建筑工程细部结构指标表"查得混凝土重力坝的细部结构指标为 16.2 元/m^3，则计算该混凝土重力坝的细部结构造价时，首先计算其综合系数 K_2

$$K_2 = 1.0 \times (1.0 + 0.085) \times 1.08 \times 1.07 \times 1.032\ 8 = 1.295$$

再计算调价系数 K_3。因细部结构指标是 2014 年的物价水平，假定工程概算是 2016

年编制的，且 2014 年至 2016 年的年物价上涨指数为 6%，则

$$调价系数\ K_3 = 1.0 \times 1.06^2 = 1.124$$

则该混凝土重力坝的细部结构造价为

$$200\ 万\ m^3 \times 16.2\ 元/m^3 \times 1.295 \times 1.124 = 4716.08\ 万元$$

计算出混凝土重力坝的细部结构造价后，应列为建筑工程费第一个一级项目中第一个二级项目的三级项目"细部结构工程"造价。

3.5 设备预算单价

设备预算单价是计算设备费的基本依据。

设备费按设计选定的设备数量和设备预算价格进行编制。设备价格（预算单价）包括设备原价、运杂费、运输保险费、采购及保管费四项。

3.5.1 设备原价

（1）国产设备，以出厂价为原价。非定型和非标准设备，采用与厂家签订的合同价或询价。

（2）进口设备，以到岸价与进口征收的税金、手续费、商检费、港口费等各项费用之和为原价。到岸价采用与厂家签订的合同价或询价计算，税金和手续费等按规定计算。

（3）大型机组分瓣运至工地的拼装费用，应包括在设备价格内。

（4）可行性研究和初步设计阶段，非定型和非标准设备，一般不可能与厂家签订设备供应合同，设计单位可按向厂家索取的报价材料和当年的价格水平，经认真分析论证以后，确定设备价格。

3.5.2 运杂费

指设备由厂家运至工地安装现场所发生的一切运杂费用。主要包括调车费、运输费、装卸费、包装绑扎费、大型变压器充氮费及可能发生的其他杂费。分主要设备和其他设备，按占设备原价的百分率计算。

（1）主要设备运杂费率（%）参考表 3-16。

表 3-16　　　　　　　　　主要设备运杂费费率表（%）

设备分类	铁路		公路		公路直达基本费率
	基本运距1000km	每增运500km	基本运距50km	每增运10km	
水轮发电机组	2.21	0.30	1.06	0.15	1.01
主阀、桥机	2.99	0.50	1.85	0.20	1.33
主变压器					
120 000kVA 以上	3.50	0.40	2.80	0.30	1.20
120 001kVA 以下	2.97	0.40	0.92	0.15	1.20

设备由铁路直达或铁路、公路联运时，分别按里程求得费率后叠加计算；如果设备由公路直达，则按公路里程计算费率后，再加公路直达基本费率。

（2）其他设备运杂费率参考表 3-17。

表 3-17　　　　　　　　　　　其他设备运杂费率表

类别	适用地区	费率（%）
I	北京、天津、上海、江苏、浙江、江西、山东、安徽、湖北、湖南、河南、广东、山西、河北、陕西、辽宁、吉林、黑龙江等省（直辖市）	3～5
II	甘肃、云南、贵州、广西、四川、重庆、福建、海南、宁夏、内蒙古、青海等省（自治区、直辖市）	5～7

工程地点距铁路近者费率取小值，远者取大值。新疆、西藏地区的设备运杂费，可视具体情况另行计算。

3.5.3　运输保险费

国产设备的运输保险费可按工程所在省、自治区、直辖市的规定，按设备原价的百分率计算。

3.5.4　采购及保管费

指建设单位和施工企业在负责设备的采购、保管过程中发生的各项费用。主要包括：

（1）采购保管部门工作人员的基本工资、辅助工资、职工福利费、劳动保护费、教育经费、办公费、差旅交通费、工具用具使用费等。

（2）仓库、转运站等设施的运行费、检修费、固定资产折旧费、技术安全措施费和设备的检验、试验费等。采购及保管费按设备原价、运杂费之和的百分率计算，现行规定为 0.7%。

3.5.5　运杂综合费率

运杂综合费率=运杂费费率+（1+运杂费费率）×采购及保管费费率+运输保险费费率

上述运杂综合费率，适用于计算国产设备运杂费。进口设备的国内段运杂费率应按上述国产设备运杂费费率乘以相应国产设备原价占进口设备原价的比例系数。

3.5.6　交通工具购置费

工程竣工后，为保证建设项目初期生产管理单位正常运行必须配备的车辆和船只所产生的费用。

交通设备数量应由设计单位按有关规定、结合工程规模确定，设备价格根据市场情况、结合国家有关政策确定。

无设计资料时，可按表 3-18 方法计算。除高原、沙漠地区外，不得用于购置进口、豪华车辆。灌溉田间工程不计此项费用。

计算方法：以第一部分建筑工程投资为基数，按表 3-18 的费率，以超额累进方法计算。

表 3-18 交通工具购置费费率表

第一部分建筑工程投资/万元	费率（%）	辅助参数/万元
10 000 及以内	0.50	0
10 000～50 000	0.25	25
50 000～100 000	0.10	100
100 000～200 000	0.06	140
200 000～500 000	0.04	180
500 000 以上	0.02	280

简化计算公式为：第一部分建筑工程投资×该档费率+辅助参数。

思 考 题

1. 基础单价包括哪些？

2. 工程单价包括哪些？

3. 施工机械台时费由哪几部分构成？

4. 主要材料预算价格由哪几部分构成？

5. 次要材料预算价格由哪几部分构成？

6. 详述水利水电工程建筑工程单价表的编制步骤和内容。

7. 详述水利水电工程安装工程单价表的编制步骤和内容。

8. 某水利工程采用设计强度为 C25 的二级配纯混凝土，水泥强度等级为 42.5。依据水利部《水利建筑工程概算定额》附录 7，可知 $1m^3$ 混凝土需要水泥 289kg，粗砂 $0.49m^3$，卵石 $0.81m^3$，水 $0.15m^3$。其中水泥 430 元/t，粗砂 62 元/m^3，卵石 61 元/m^3，施工用水 0.95 元/m^3，试计算该混凝土材料单价。

9. 计算枢纽工程一般石方开挖（岩石级别 9 级）风钻钻孔的建筑工程单价。定额见表 2-1。其他直接费费率为 8.5%，间接费费率为 11.0%，利润为 7.0%，税金为 3.28%。人工预算单价计算标准取一般地区，合金钻头 101.00 元/个，炸药 6513.26 元/t，雷管 1.01 元/个，导线火线 1.01 元/m，导线电线 0.80 元/m，手持式风钻台时费为 8.19 元/工时。石渣运输基本直接费单价 10.35 元/m^3。

10. 计算水利机械辅助设备中油系统的安装工程单价。定额见表 2-2。油系统原价为 5.0 万，其他直接费费率为 9.0%，间接费费率为 75.0%，利润为 7.0%，税金为 3.28%。

第 4 章

水利水电工程造价

基本建设项目在论证决策、前期准备和实施阶段，都要对工程造价进行测算。如在规划、项目建议书、可行性研究阶段要编制工程投资估算；在初步设计阶段编制设计概算；在技术设计阶段要编制修正概算；在施工图设计阶段要编制施工图预算，在施工阶段要编制施工预算。上述工程造价测算的编制方法基本相似，本章重点介绍设计概算文件组成和编制方法。

4.1　概算文件组成

为了有效地控制工程造价，加强技术经济指标积累和基本建设数据统计汇总，提高工程建设管理水平，概算文件必须标准、规范。概算文件的编制必须根据各级主管部门规定的组成内容、项目划分和计算方法进行编制，内容应完整、表式要简明。

初步设计概算包括从项目筹建到竣工验收所需的全部建设费用。概算文件由设计概算报告（正件）、概算附件和投资对比分析报告三部分组成。

4.1.1　概算正件

概算正件包括编制说明、工程概算总表、工程部分概算表概算附表三部分内容。

4.1.1.1　编制说明

编制说明是概算编制依据和成果的概括介绍，应扼要说明工程概况、投资主要指标、编制原则和依据以及概算编制中其他应说明的问题等。编制说明包括以下主要内容。

1. 工程概况

工程概况是初步设计报告内容的概括介绍，其内容包括工程所在流域、河系，兴建地点，对外交通条件，水库淹没耕地及移民人数，工程规模，工程效益，工程布置形式，主体工程主要工程量，主体工程主要材料用量，施工总工期和工程从开工至开始发挥效益时的工期，施工总工日和施工高峰期人数，资金来源和投资比例等。

2. 投资主要指标

投资主要指标包括：工程总投资和静态总投资，工程从开工至开始发挥效益期投资和静态投资，单位千瓦投资，年度价格指数，基本预备费率，价差预备费额度和占总投资百分比，工程建设期融资额度、利息和利率等。

3. 编制原则和依据

（1）设计概算编制原则和依据。

（2）人工预算单价，主要材料，施工用电、风、水、砂石料等基础单价的计算依据。

（3）主要设备价格的编制依据。

（4）建筑安装工程定额、施工机械台时费定额和有关指标的采用依据。

（5）费用计算标准及依据。

（6）工程资金筹措方案。

编制依据是编制说明的重点部分，应详细叙述。

4. 概算编制中其他应说明的问题

主要说明概算编制方面的遗留问题，影响今后投资变化的因素，以及对某些问题的处理意见，或其他必要的说明等。

5. 主要技术经济指标表

以表格形式（见表 4-1）反映工程规模、主要建筑物及设备形式、主要工程量、主要材料及人工消耗量和主要技术经济指标。

表 4-1   主要技术经济指标表

河系				形式		
建设地点				厂房尺寸	m	
设计单位				水轮机型号		
建设单位				装机容量	万 kW	
水库	正常蓄水位	m	发电厂	保证出力	万 kW	
	总库容	亿 m³		年发电量	亿 kWh	
	有效库容	亿 m³		年利用小时	h	
	淹没耕地	亩		建筑工程投资	万元	
	迁移人口	人		单位千瓦指标	元	
	迁移费用	万元		单位空间体积指标	元/m³	
	单位指标	元/人		发电设备投资	万元	
拦河坝	形式			单位千瓦指标	元	
	最大坝高	m		单位电度指标	元	
	坝顶长	m	主体工程量	明挖土石方	万 m³	
	坝体方量	万 m³		洞挖土石方	万 m³	
	投资	万元		填筑土石方	万 m³	
	单位指标	元/m³		填筑混凝土	万 m³	
引水隧洞	形式		主要材料用量	水泥	万 t	
	直径	m		钢材	万 t	
	长度	m		木材	万 m³	
	投资	万/元		粉煤灰	万 t	
	单位指标	元/m³				
静态总投资		万元	施工人数	高峰人数	人	
总投资		万元		平均人数	人	
单位千瓦投资		元		总工日	万工日	
开始发挥效益期静态总投资		万元				

续表

开始发挥效益期总投资	万元	施工时间	开工日期	
工程建设期融资利息	万元		开始发挥效益日期	
送出工程投资	万元		竣工日期	
生产管理单位定员	人		总工期	年

4.1.1.2 工程概算总表

工程概算总表，综合反映拟建工程的建安工程费、设备购置费、独立费用、预备费、建设期融资利息以及总投资等，包括工程部分投资、建设征地移民投资补偿、环境保护工程投资、水土保持工程投资和工程投资总计。表格形式见表4-2。

表4-2　　　　　　　　　　　　　　工程概算总表　　　　　　　　　　　（单位：万元）

序号	工程或费用名称	建安工程费	设备购置费	独立费用	合计
Ⅰ	工程部分投资				
一	建筑工程				
二	机电设备及安装工程				
三	金属结构设备及安装工程				
四	施工临时工程				
五	独立费用				
	一至五部分投资合计				
	基本预备费				
	静态总投资				
	价差预备费				
	建设期融资利息				
	总投资				
Ⅱ	建设征地移民补偿投资				
一	农村部分补偿费				
二	城（集）镇部分补偿费				
三	工业企业补偿费				
四	专业项目补偿费				
五	防护工程费				
六	库底清理费				
七	其他费用				
	一至七项小计				
	基本预备费				
	有关税费				
	静态投资				
Ⅲ	环境保护工程投资				
	……				
	静态投资				

序号	工程或费用名称	建安工程费	设备购置费	独立费用	合计
Ⅳ	水土保持工程投资				
	……				
	静态投资				
Ⅴ	工程投资总计（Ⅰ～Ⅳ合计）				
	静态总投资				
	价差预备费				
	建设期融资利息				
	总投资				

4.1.1.3 工程部分概算表和概算附表

工程部分概算表和概算附表是概算文件的主体部分，它以简明适用的各类表格，通过逐项、逐级计算和汇总，最终反映拟建工程的工程部分总投资。

工程部分概算表包括总概算表、建筑工程概算表、机电设备及安装工程概算表、金属结构设备及安装工程概算表、施工临时工程概算表、独立费用概算表、分年度投资概算表、资金流量表（枢纽工程）；概算附表包括建筑工程单价汇总表、安装工程单价汇总表、主要和次要材料预算价格汇总表、施工机械台时费汇总表、主要工程量汇总表、主要材料量汇总表、工时数量汇总表。

1. 工程部分概算表

（1）工程部分总概算表是综合反映拟建工程的工程部分的建安工程费、设备购置费和独立费用、基本预备费以及静态投资等，表格形式见表4-3。表中第二栏按项目划分的一至五部分分别填写至一级项目。

表4-3 　　　　　　　　　　工程部分总概算表 　　　　　　　　（单位：万元）

序号	工程或费用名称	建安工程费	设备购置费	独立费用	合计	占一至五部分投资（%）
一	建筑工程					
	⋮					
	⋮					
二	机电设备安装工程					
	⋮					
	⋮					
三	金属结构安装工程					
	⋮					
	⋮					
四	施工临时工程					

序号	工程或费用名称	建安工程费	设备购置费	独立费用	合计	占一至五部分投资（%）
	⋮					
	⋮					
五	独立费用					
	⋮					
	⋮					
	一至五部分投资合计					
	基本预备费					
	静态总投资					
	价差预备费					
	建设期融资利息					
	总投资					

注：按项目划分的五部分顺序填表，每部分列至一级项目。

（2）建筑工程、施工临时工程、独立费用概算表分别反映该部分概算投资，采用建筑工程概算表格式，见表4-4。在"工程或费用名称"栏按项目划分填写至三级项目。

表4-4 建筑工程概算表

序号	工程或费用名称	单位	数量	单价/元	合计/万元

注：按项目划分填写一、二、三级项目。本表可用于编制施工临时工程概算和独立费用概算。

（3）机电设备及安装工程、金属结构设备及安装工程概算表采用同一表式，见表4-5。在"工程及规格"栏按项目划分列示至三级项目。

表4-5 设备及安装工程概算表

序号	名称及规格	单位	数量	单价/元		合计/万元	
				设备费	安装费	设备费	安装费

注：按项目划分填写一、二、三级项目。本表适用于机电和金属结构设备及安装工程概算。

（4）分年度投资概算表。分年度投资概算表反映基本建设工程的分年度投资，是业主安排基本建设年度计划和计算价差预备费、建设期融资利息的主要依据。分年度投资应根据各部分概算投资和施工组织设计的总进度安排，按各单项工程分年度完成的工程量和相应的综合工程单价进行计算，表格形式见表4-6。

表 4-6   分年度投资表   单位：万元

序号	项 目	合计	建设工期/年						
			1	2	3	4	5	6	…
Ⅰ	工程部分投资								
一	建筑工程								
1	建筑工程								
	×××工程（一级项目）								
2	施工临时工程								
	×××工程（一级项目）								
二	安装工程								
1	机电设备安装工程								
	×××工程（一级项目）								
2	金属结构设备安装工程								
	×××工程（一级项目）								
三	设备购置费								
1	机电设备								
	×××设备								
2	金属结构设备								
	×××设备								
四	独立费用								
1	建设管理费								
2	工程建设监理费								
3	联合试运转费								
4	生产准备费								
5	科研勘测设计费								
6	其他								
	一至四项合计								
	基本预备费								
	静态投资								
Ⅱ	建设征地移民补偿投资								
	……								
	静态投资								
Ⅲ	环境保护工程投资								
	……								

序号	项目	合计	建设工期/年						
			1	2	3	4	5	6	…
	静态投资								
Ⅳ	水土保持工程投资								
	……								
	静态投资								
Ⅴ	工程投资总计（Ⅰ～Ⅳ合计）								
	静态总投资								
	差价预备费								
	建设期融资利息								
	总投资								

注：可视不同情况按项目划分填写至一级项目或二级项目。

（5）资金流量表。资金流量表反映了不同年度各部分的投资，可视不同情况按项目划分列至一级或二级项目，见表4-7。资金流量表应汇总工程部分、征地移民、环境保护、水土保持部分投资，并计算总投资。资金流量表是资金流量计算表的成果汇总。

2. 工程部分概算附表

为便于校核和审查，提高编制工作效率，一般需编制各类汇总表，主要有：

（1）建筑工程单价汇总表和安装工程单价汇总表，以元为单位。表格形式见表4-8、表4-9。

（2）基础价格汇总表，包括主要材料和次要材料预算价格汇总表，以及施工机械台时费汇总表。表格形式见表4-10～表4-12。

（3）其他汇总表：包括主体工程主要工程量汇总表、主要材料量汇总表、工时数量汇总表。表格形式见表4-13～表4-15。

表4-7   资金流量表   单位：万元

序号	项目	合计	建设工期/年						
			1	2	3	4	5	6	…
Ⅰ	工程部分投资								
一	建筑工程								
（一）	建筑工程								
	××工程（一级项目）								
（二）	施工临时工程								
	××工程（一级项目）								
二	安装工程								

序号	项 目	合计	建设工期/年						
			1	2	3	4	5	6	…
（一）	机电设备安装工程								
	×××工程（一级项目）								
（二）	金属结构设备安装工程								
	×××工程（一级项目）								
三	设备购置费								
	……								
四	独立费用								
	……								
	一至四部分合计								
	基本预备费								
	静态投资								
Ⅱ	建设征地移民补偿投资								
	……								
	静态投资								
Ⅲ	环境保护工程投资								
	……								
	静态投资								
Ⅳ	水土保持工程投资								
	……								
	静态投资								
Ⅴ	工程投资总计（Ⅰ～Ⅳ合计）								
	静态总投资								
	差价预备费								
	建设期融资利息								
	总投资								

注：某些工程施工期较短可不编制资金流量表。可视不同情况按项目划分填写一级项目或二级项目。

表4-8 　　　　　　　　　　建筑工程单价汇总表　　　　　　　　（单位：元）

单价编号	名称	单位	单价	其中							
				人工费	材料费	机械使用费	其他直接费	间接费	利润	材料补差	税金

表 4-9　　　　　　　　　　安装工程单价汇总表　　　　　　　　　（单位：元）

单价编号	名称	单位	单价	其中								
				人工费	材料费	机械使用费	其他直接费	间接费	利润	材料补差	未计价装置性材料费	税金

表 4-10　　　　　　　　　主要材料预算价格汇总表　　　　　　　（单位：元）

序号	名称及规格	单位	预算价格	其中			
				原价	运杂费	运输保险费	采购保管费

表 4-11　　　　　　　　　次要材料预算价格汇总表　　　　　　　（单位：元）

序号	名称及规格	单位	原价	运杂费	合计

表 4-12　　　　　　　　　施工机械台时费汇总表　　　　　　　　（单位：元）

序号	名称及规格	台时费	其中				
			折旧费	修理及替换设备费	安拆费	人工费	动力燃料费

表 4-13　　　　　　　　　　主要工程量汇总表

序号	项目	土石方明挖/m³	石方洞挖/m³	土石方填筑/m³	混凝土/m³	模板/m²	钢筋/t	帷幕灌浆/m	固结灌浆/m

注：表中统计的工程类别可根据工程实际情况调整。

表 4-14　　　　　　　　　　主要材料量汇总表

序号	项目	水泥/t	钢筋/t	木材/m³	炸药/t	沥青/t	汽油/t	柴油/t

注：表中统计的主要材料种类可根据工程实际情况调整。

表 4-15　　　　　　　　　　工时数量汇总表

序号	项目	工时数量	备注

4.1.2 概算附件

概算附件是概算文件的有机组成部分，主要包括基础单价计算表、工程单价计算表等内容。附件内容繁杂、篇幅较多，故不列入概算正式文件，独立成册。

各项基础单价计算应按照主管部门有关规定及施工组织设计，结合工程实际进行。要求依据充分、计算准确。其主要表格见表4-16～表4-22。

表4-16 人工预算单价计算表

艰苦边远地区类别			定额人工等级	
序号	项目	计算式		单价/元
1	人工工时预算单价			
2	人工工日预算单价			

表4-17 主要材料运输费用计算表

编号	1	2	3	材料名称				材料编号	
交货条件				运输方式	火车	汽车	船运	火车	
交货地点				货物等级				整车	零担
交货比例（%）				装载系数					
编号	运输费用项目		运输起止地点		运输距离	计算公式			合计/元
1	铁路运杂费								
	公路运杂费								
	水路运杂费								
	场内运杂费								
	综合运杂费								
2	铁路运杂费								
	公路运杂费								
	水路运杂费								
	场内运杂费								
	综合运杂费								
3	铁路运杂费								
	公路运杂费								
	水路运杂费								
	场内运杂费								
	综合运杂费								
每吨运杂费									

表 4-18 主要材料预算价格计算表

编号	名称及规格	单位	原价依据	单位毛重/t	每吨运费	价格/元					
						原价	运杂费	采购及保管费	运到工地分仓库价格	保险费	预算价格

表 4-19 混凝土材料单价计算表 单位：m³

编号	名称及规格	单位	预算量	调整系数	单价/元	合计/元

注："名称及规格"栏要求标明混凝土标号及级配、水泥强度等级等；"调整系数"为卵石换碎石、粗砂换中细砂及其他调整配合比材料用量系数。

表 4-20 建筑工程单价表

单价编号		项目名称			
定额编号				定额单位	
施工方法		（填写施工方法、土或岩石类别、运距等）			
编号	名称及规格	单位	数量	单价/元	合计/元

表 4-21 安装工程单价表

单价编号		项目名称			
定额编号				定额单位	
型号规格					
编号	名称及规格	单位	数量	单价/元	合计/元

表 4-22 资金流量计算表 单位：万元

序号	项目	合计	建设工期/年						
			1	2	3	4	5	6	…
I	工程部分投资								
一	建筑工程								
（一）	×××工程								
1	分年度完成工作量								
2	预付款								
3	扣回预付款								
4	保留金								
5	偿还保留金								
（二）	×××工程								

序号	项目	合计	建设工期/年						
			1	2	3	4	5	6	…
	……								
二	安装工程								
	……								
三	设备购置费								
	……								
四	独立费用								
	……								
五	一至四部分合计								
1	分年度费用								
2	预付款								
3	回预付款								
4	保留金								
5	偿还保留金								
	基本预备费								
	静态投资								
Ⅱ	建设征地移民补偿投资								
	……								
	静态投资								
Ⅲ	环境保护工程投资								
	……								
	静态投资								
Ⅳ	水土保持工程投资								
	……								
	静态投资								
Ⅴ	工程投资总计（Ⅰ～Ⅳ合计）								
	静态总投资								
	差价预备费								
	建设期融资利息								
	总投资								

附件内容包括：

（1）人工预算单价计算表。

（2）主要材料运输费用计算表。

(3) 主要材料预算价格计算表。

(4) 施工用电价格计算书。

(5) 施工用水价格计算书。

(6) 施工用风价格计算书。

(7) 补充定额计算书。

(8) 补充施工机械台时费计算书。

(9) 砂石料单价计算书。

(10) 混凝土材料单价计算书。

(11) 建筑工程单价表。

(12) 安装工程单价表。

(13) 主要设备运杂费率计算书。

(14) 房屋建筑工程投资计算书。

(15) 独立费用计算书（按独立项目分项计算）。

(16) 分年度投资表。

(17) 资金流量计算表。

(18) 价差预备费计算表。

(19) 建设期融资利息计算书。

(20) 计算人工、材料、设备预算价格和费用依据的有关文件、询价报价资料及其他。

注：概算正件及附件均应单独成册并随初步设计文件报审。

4.1.3 投资对比分析报告

应从价格变动、项目及工程量调整、国家政策性变化等方面进行详细分析，说明初步设计阶段与可行性研究阶段（或可行性研究阶段与项目建设书阶段）相比较的投资变化原因和结论，编写投资对比分析报告。其主要表格见表 4-23～表 4-25。工程部分报告应包括以下附表：

(1) 总投资对比表。

(2) 主要工程量对比表。

(3) 主要材料和设备价格对比表。

(4) 其他相关表格。

投资对比分析报告应汇总工程部分、建设征地移民补偿、环境保护、水土保持各部分对比分析内容。

注：设计概算报告（正件）、投资对比分析报告可单独成册，也可作为初步设计报告（设计概算章节）的相关内容；设计概算附件宜单独成册，并应随初步设计文件报审。

表 4-23　　　　　　　　　　　　　总投资对比表　　　　　　　　　　单位：万元

序号	工程或费用名称	可研阶段投资	初步设计阶段投资	增减额度	增减幅度（%）	备注
(1)	(2)	(3)	(4)	(4)-(3)	[(4)-(3)]/(3)	
I	工程部分投资					

序号	工程或费用名称	可研阶段投资	初步设计阶段投资	增减额度	增减幅度（%）	备注
	第一部分 建筑工程					
	……					
	第二部分 机电设备及安装工程					
	……					
	第三部分 金属结构设备及安装工程					
	……					
	第四部分 施工临时工程					
	……					
	第四部分 独立费用					
	……					
	一至五部分投资合计					
	基本预备费					
	静态投资					
Ⅱ	建设征地移民补偿投资					
一	农村部分补偿费					
二	城（集）镇部分补偿费					
三	工业企业补偿费					
四	专业项目补偿费					
五	防护工程费					
六	库底清理费					
七	其他费用					
	一至七项小计					
	基本预备费					
	有关税费					
	静态投资					
Ⅲ	环境保护工程投资					
	……					
	静态投资					
Ⅳ	水土保持工程投资					
	……					
	静态投资					
Ⅴ	工程投资总计（Ⅰ～Ⅳ合计）					
	静态总投资					
	价差预备费					
	建设期融资利息					
	总投资					

注：表中的内容可根据工程实际情况调整。可视不同情况按项目划分填写至一级项目或二级项目。

表 4-24   主要工程量对比表

序号	工程或费用名称	单位	可研阶段	初步设计阶段	增减数量	增减幅度（%）	备注
(1)	(2)	(3)	(4)	(5)	(5)-(4)	[(5)-(4)]/ (4)	
I	挡水工程 石方开挖 混凝土 钢筋 ……						

注：表中的内容可根据工程实际情况调整。应列示主要工程项目的主要工程量。

表 4-25   主要材料和设备价格对比表

序号	工程或费用名称	单位	可研阶段	初步设计阶段	增减额度	增减幅度（%）	备注
(1)	(2)	(3)	(4)	(5)	(5) - (4)	[(5)-(4)]/(4)	
1	主要材料价格 水泥 油料 钢筋 ……						
2	主要设备价格 水轮机 ……						

注：表中的内容可根据工程实际情况调整。设备投资较少时，可不附设备价格对比。

4.2 编制原则和依据

　　水利水电工程设计概算，是在初步设计阶段，根据国家现行技术经济政策、设计文件以及工程所在地建设条件和资金来源编制的以货币形式表现的基本建设项目投资额的技术经济文件，是初步设计文件的重要组成部分。设计概算反映了为进行工程建设所必需的社会必要劳动量和主要材料量，是该工程建设技术水平和管理水平的综合体现。设计概算一经审查批准，就成为一个具有约束力的文件，因而，概算的编制是一项政策性很强的工作，应在编制前拟定编制原则和依据，并报经上级主管部门审定批准，以保证概算的编制符合现行政策的要求。

4.2.1 编制原则

　　为充分发挥初步设计概算在基本建设中的重要作用，必须根据以下原则，做好概算编制工作。

　　1. 执行政策

　　水利水电工程投资大、工期长、涉及面广、社会性强，与国家经济各部门、各级政府及广大人民群众利益密切相关，从而要求概算的编制必须严格执行国家和上级主管部门颁发的各项法令、规定和有关制度，合理使用建设资金，充分发挥投资效果。

国家现阶段有关基本建设的方针政策，集中体现在国家和各级主管部门对工程建设所颁发的规定、定额及各项费用标准中。编制概算前需根据工程性质、规模，资金来源以及隶属关系，确定概算按哪个主管部门的规定和该规定中的哪一工程类别进行编制。一般来讲，中央直属和参与投资的大型水利枢纽工程，应执行水利部颁发的规定和定额；地方政府投资或集资兴建的中小型水利工程应执行地方政府颁发的规定和定额。

2. 保证质量

初步设计概算，是国家（业主）确定和控制建设项目总投资额，安排基本建设计划的依据，是确定和考核设计经济合理性的依据。因此，勘测设计工作必须达到初设阶段规定的工作深度，要正确选用定额、费用标准和有关价格，提高概算编制的准确性，保证设计概算的质量。

概算的编制应在熟悉设计内容和施工组织设计，深入现场调查研究，充分掌握第一手资料的基础上进行，应密切结合工程实际，认真计算各项工程和费用。编制过程中，要坚持原则，实事求是，合理准确地编好概算。

3. 突出重点

编制概算中，应有重点地做好主要材料、设备价格，以及主要工程单价的编制工作，以确保概算的基本质量。

主要材料数量大，主要设备价格高，其计算的准确与否，直接影响概算编制的质量。而主要工程项目概算对投资的准确性更起着决定性的作用。因此，编制时对此必须加以充分重视。应根据有关规定，对主要材料、主要设备预算价格的计算，以及主要工程项目的工程单价计算进行认真仔细的分析研究，达到较高的准确度。

4.2.2 编制依据

设计概算的编制，是一项政策性、技术性都很强的工作，是特定条件下的施工方案和技术措施在经济上的综合反映，必须要有充分的依据。

（1）国家和上级主管部门颁发的法令、制度、规程。如土地管理法、合同法、税法、海关法、环保法、文物保护法及有关法规。

（2）国家和地方各级主管部门颁布的水利水电工程初步设计概算编制规定、办法。根据这些文件要求，确定编制方法，划分项目，选用定额。

（3）水利水电工程设计概（估）算费用构成及计算标准。它是概算编制时决定费用项目和费率的依据。

（4）现行水利水电工程概算定额和有关专业部颁发的定额。用以决定拟建工程产品所需消耗的人工、材料和机械的数量，是编制概算的基础。

（5）水利水电工程设计工程量计算规定。用以确定工程量计算的基本要求、计算方法、计算规则和相应的阶段系数。

（6）地方政府颁发的有关规定、标准和定额。指按国家现行规定必须执行的地方政府有关规定，如水利水电工程的管理用房、办公楼、住宅等，应执行当地工业与民用建筑工程有关规定，采用其标准和定额。

（7）初步设计文件，包括图纸、机电设备清单和施工组织设计。设计决定建筑产品的用途、规模、结构、标准和建设地点，从而也决定了该工程的技术经济特性。因此，设计文件是概算编制的重要基础。

（8）有关合同协议及资金筹措方案。如设计合同、土地征用协议、文物搬迁赔偿协议等。

（9）其他。包括上级主管部门、当地政府及有关部门的意见，移民安置政策、建设规划等。

4.3 项目划分

水利水电建设项目常常是多种性质的水工建筑物的复杂的综合体，很难像一般基本建设项目严格按单项工程、单位工程、分部工程、分项工程来确切划分项目。

水利工程总概算由工程部分概算、建设征地移民补偿概算、环境保护工程概算和水土保持工程概算组成。工程部分又划分为五部分：建筑工程、机电设备及安装工程、金属结构设备及安装工程、施工临时工程、独立费用。

概算包括建筑工程费、安装工程费、设备及工器具购置费、独立费用。每一部分下设一个或若干个一级项目，每个一级项目下设一个或若干个二级项目，每个二级项目下设许多个三级项目。一级项目相当于单项工程；二级项目相当于单位工程；三级项目相当于分部分项工程。

根据水利工程性质，其工程部分项目划分分别按枢纽工程、引水工程、河道工程划分。工程各部分分别下设一、二、三级项目，见表4-26～表4-30。

表4-26　　　　　　　　　第一部分　建筑工程

I	枢纽工程			
序号	一级项目	二级项目	三级项目	备注
一 1	挡水工程	混凝土坝（闸）工程	土方开挖 石方开挖 土石方回填 模板 混凝土 防渗墙 灌浆孔 灌浆 排水孔 砌石 喷混凝土 钢筋	

I	枢纽工程			
序号	一级项目	二级项目	三级项目	备注
2		土石坝工程	锚杆（索）	
			启闭机室	
			温控措施	
			细部结构工程	
			土方开挖	
			石方开挖	
			土料填筑	
			砂砾料填筑	
			斜(心)墙土料填筑	
			反滤料、过渡料填筑	
			坝体（坝趾）堆石	
			土工膜（布）	
			沥青混凝土	
			模板	
			混凝土	
			砌石	
			铺盖填筑	
			防渗墙	
			灌浆孔	
			灌浆	
			排水孔	
			钢筋	
			锚杆	
			面（趾）板止水	
			细部结构工程	
二 1	泄洪工程	溢洪道工程		
			土方开挖	
			石方开挖	
			土石方回填	
			模板	
			混凝土	
			灌浆孔	
			灌浆	

I		枢纽工程		
序号	一级项目	二级项目	三级项目	备注
			排水孔	
			砌石	
			喷混凝土	
			钢筋	
			锚杆（索）	
			启闭机室	
			温控措施	
			细部结构工程	
2		泄洪洞工程		
			土方开挖	
			石方开挖	
			模板	
			混凝土	
			灌浆孔	
			灌浆	
			排水孔	
			砌石	
			喷混凝土	
			钢筋	
			钢筋网	
			锚杆（索）	
			钢拱架、钢格栅	
			细部结构工程	
3		冲砂洞（孔）工程		
			土方开挖	
			石方开挖	
			模板	
			混凝土	
			灌浆孔	
			灌浆	
			排水孔	
			钢筋	
			锚杆（索）	
			细部结构工程	
4		放空洞工程		

I	枢纽工程			
序号	一级项目	二级项目	三级项目	备注
5		泄洪闸工程		
三	引水工程			
1		引水明渠工程		
			土方开挖	
			石方开挖	
			模板	
			混凝土	
			钢筋	
			砌石	
			锚杆（索）	
			细部结构工程	
2		进（取）水口工程		
			土方开挖	
			石方开挖	
			模板	
			混凝土	
			钢筋	
			砌石	
			锚杆（索）	
			细部结构工程	
3		引水隧洞工程		
			土方开挖	
			石方开挖	
			模板	
			混凝土	
			灌浆孔	
			灌浆	
			排水孔	
			砌石	
			喷混凝土	
			钢筋	
			砌石	
			锚杆（索）	
			钢筋网	
			钢拱架、钢格栅	
			细部结构工程	

I	枢纽工程			
序号	一级项目	二级项目	三级项目	备注
4		调压井工程		
			土方开挖	
			石方开挖	
			模板	
			混凝土	
			喷浆	
			灌浆孔	
			灌浆	
			砌石	
			喷混凝土	
			钢筋	
			锚杆（索）	
			细部结构工程	
5		高压管道工程		
			土方开挖	
			石方开挖	
			模板	
			混凝土	
			灌浆孔	
			灌浆	
			砌石	
			钢筋	
			锚杆（索）	
			钢筋网	
			钢拱架、钢格栅	
			细部结构工程	
四	发电厂工程			
1		地面厂房工程		
			土方开挖	
			石方开挖	
			土石方回填	
			模板	
			混凝土	
			砖墙	
			砌石	

I	枢纽工程			
序号	一级项目	二级项目	三级项目	备注
2		地下厂房工程	灌浆孔	
			灌浆	
			钢筋	
			锚杆（索）	
			温控措施	
			厂房建筑	
			细部结构工程	
			石方开挖	
			模板	
			混凝土	
			喷浆	
			灌浆孔	
			灌浆	
			排水孔	
			喷混凝土	
			钢筋	
			锚杆（索）	
			钢筋网	
			钢拱架、钢格栅	
			温控措施	
			厂房装修	
			细部结构工程	
3		交通洞工程	土方开挖	
			石方开挖	
			模板	
			混凝土	
			灌浆孔	
			灌浆	
			喷混凝土	
			钢筋	
			锚杆（索）	
			钢筋网	
			钢拱架、钢格栅	
			细部结构工程	

I	枢纽工程			
序号	一级项目	二级项目	三级项目	备注
4		出线洞（井）工程		
5		通风洞（井）工程		
6		尾水洞工程		
7		尾水调压井工程		
8		尾水渠工程		
			土方开挖	
			石方开挖	
			土石方回填	
			模板	
			混凝土	
			砌石	
			钢筋	
			锚杆（索）	
			细部结构工程	
五	升压变电工程			
1		变电站工程		
			土方开挖	
			石方开挖	
			土石方回填	
			模板	
			混凝土	
			砌石	
			构架	
			钢筋	
			钢材	
			细部结构工程	
2		开关站工程		
			土方开挖	
			石方开挖	
			土石方回填	
			模板	
			混凝土	
			砌石	

I	枢纽工程			
序号	一级项目	二级项目	三级项目	技术经济指标
六 1	航运工程	上游引航道工程	钢材 构架 钢筋 细部结构工程	
2		船闸（升船机）工程	土方开挖 石方开挖 土石方回填 模板 混凝土 砌石 钢筋 锚杆（索） 细部结构工程	
			土方开挖 石方开挖 模板 混凝土 灌浆孔 灌浆 防渗墙 钢筋 锚杆（索） 控制室 温控措施 细部结构工程	
3		下游引航道工程	土方开挖 石方开挖 模板 混凝土 砌石 钢筋	

I		枢纽工程		
序号	一级项目	二级项目	三级项目	备注
			锚杆（索）	
			细部结构工程	
七	鱼道工程			
八	交通工程			
1		公路工程		
			土方开挖	
			石方开挖	
			土石方回填	
			砌石	
			路面	
2		铁路工程		
3		桥梁工程		
4		码头工程		
九	房屋建筑工程			
		辅助生产厂房		
		仓库		
		办公用房		
		值班宿舍及文化福利建筑		
十	供电设施工程	室外工程		
十一	其他建筑工程			
1		安全监测设施工程		
2		照明线路工程		
3		通信线路工程		
4		厂坝（闸、泵站）区供水、排水、供热等公用设施		
5		劳动安全与工业卫生设施		
6		水文、泥沙监测设施工程		
7		水情自动测报系统工程		
8		其他		

Ⅱ	引水工程			
序号	一级项目	二级项目	三级项目	备注
一 1 土方开挖	渠（管）道工程	××～××段干渠（管）工程		含附属小型建筑物
			土石开挖	
			石方开挖	
			土石方回填	
			土工布	
			模板	
			混凝土	
			钢筋	
			输水管道	
			管道附件及阀门	各类管道（含钢管） 项目较多时可另附表
			管道防腐	
			砌石	
			垫层	
			草皮护坡	
			细部结构工程	
2		××～××段支渠（管）工程		
二 1	建筑物工程	泵站工程 （扬水站、排灌站）		
			土方开挖	
			石方开挖	
			土石方回填	
			模板	
			混凝土	
			砌石	
			钢筋	
			锚杆（索）	
			厂房建筑	
			细部结构工程	
2		水闸工程		
			土方开挖	
			石方开挖	
			土石方回填	

Ⅱ	引水工程			
序号	一级项目	二级项目	三级项目	备注
3		隧洞工程	模板	
			混凝土	
			防渗墙	
			灌浆孔	
			灌浆	
			砌石	
			钢筋	
			启闭机室	
			细部结构工程	
			土方开挖	
			石方开挖	
			土石方回填	
			模板	
			混凝土	
			灌浆孔	
			灌浆	
			砌石	
			喷混凝土	
			钢筋	
			锚杆（索）	
			钢筋网	
			钢拱架、钢格栅	
			细部结构工程	
4		渡槽工程	土方开挖	
			石方开挖	
			土石方回填	
			模板	
			混凝土	
			砌石	
			钢筋	
			预应力锚索（筋）	钢绞线、钢筋束、钢筋
			渡槽支撑	或高大跨渡槽
			细部结构工程	

Ⅱ	引水工程			
序号	一级项目	二级项目	三级项目	备注
5		倒虹吸工程		含附属调压、检修设施
6		箱涵（暗渠）工程		含附属调压、检修设施
7		跌水工程		
8		动能回收电站工程		
9		调蓄水库工程		
10		排水涵（渡槽）		或排洪涵（渡槽）
11		公路交叉（穿越）建筑物		
12		铁路交叉（穿越）建筑物		
13		其他建筑物工程		
三	交通工程			
1		对外公路工程		
2		运行管理维护道路		
四	房屋建筑工程			
		辅助生产厂房		
		仓库		
		办公室		
		生活及文化福利建筑		
		室外工程		
五	供电设施工程			
六	其他建筑工程			
1		安全监测设施工程		
2		照明线路工程		元/km
3		通信线路工程		元/km
4		厂坝（闸、泵站）区供水、排水、供热等公用设施		
5		劳动安全与工业卫生设施		
6		水文、泥沙监测设施工程		
7		水情自动测报系统工程		
8		其他		

Ⅲ	河道工程			
序号	一级项目	二级项目	三级项目	备注
一	河道整治与堤防工程			
1		××～××段堤防工程		
			土方开挖	

Ⅲ		河道工程		
序号	一级项目	二级项目	三级项目	备注
			土方填筑	
			模板	
			混凝土	
			砌石	
			土工布	
			防渗墙	
			灌浆	
			草皮护坡	
			细部结构工程	
2		××～××段河道（湖泊）整治工程		
3		××～××段河道疏浚工程		
二	灌溉工程			
1		××～××段渠（管）道工程	土方开挖	
			土方填筑	
			模板	
			混凝土	
			砌石	
			土工布	
			输水管道	
			细部结构工程	
三	田间工程			
1		××～××段渠（管）道工程		
2		田间土地平整		
四	建筑物工程			根据设计要求计列
1		水闸工程		
2		泵站工程（扬水站、排灌站）		
3		其他建筑物		
五	交通工程			
六	房屋建筑工程			
1		辅助生产房		
2		仓库		
3		办公用房		
4		值班宿舍及文化福利建筑		
5		室外工程		

Ⅲ	河道工程			
序号	一级项目	二级项目	三级项目	备注
七	供电设施工程			
八	其他建筑物工程			
1		安全监测设施工程		
2		照明线路工程		
3		通信线路工程		
4		厂坝（闸、泵站）区供水、供热、排水等公用设施		
5		劳动安全与工业卫生设施工程		
6		水文、泥沙监测设施工程		
7		其他		

表4-27　　　　　　　　第二部分　机电设备及安装工程

Ⅰ	枢纽工程			
序号	一级项目	二级项目	三级项目	技术经济指标
一	发电设备及安装工程			
1		水轮机设备及安装工程		
			水轮机	元/台
			调速器	元/台
			过速限制器	元/台套
			油压装置	元/台
			自动化元件	元/台
			透平油	元/t
2		发电机设备及安装工程		
			发电机	元/台
			励磁装置	元/台套
3		主阀设备及安装工程	自动化元件	元/台套
			蝴蝶阀（球阀、锥形阀）	元/台
			油压装置	元/台
4		起重设备及安装工程		
			桥式起重机	元/台
			转子吊具	元/具
			平衡梁	元/付
			轨道	元/双 10m
			滑触线	元/三相 10m

Ⅰ		枢纽工程		
序号	一级项目	二级项目	三级项目	技术经济指标
5		水利机械辅助设备及安装工程		
			油系统	
			压气系统	
			水系统	
			水力量测系统	
			管路（管子、附件、阀门）	
6		电气设备及安装工程		
			发电电压装置	
			控制保护系统	
			直流系统	
			厂用电系统	
			电工试验	
			35kV 以下	
			动力电缆	
			控制和保护电缆	
			母线	
			电缆架	
			其他	
二	升压变电设备及安装工程			
1		主变压器设备及安装工程		
			变压器	元/台
			轨道	元/双 10m
2		高压电气设备及安装工程		
			高压断路器	
			电流互感器	
			电压互感器	
			隔离开关	
			（SF6 全封闭组合电器）	
			（高频阻波器）	

I	枢纽工程			
序号	一级项目	二级项目	三级项目	技术经济指标
			（高压避雷器）	
			110kV 及以上高压电缆	
3		一次拉线及其他安装工程		
三	公用设备及安装工程			
1		通信设备及安装工程		
			卫星通信	
			光缆通信	
			微波通信	
			载波通信	
			生产调度通信	
			行政管理通信	
2		通风采暖设备及安装工程		
			通风机	
			空调机	
			管路系统	
3		机修设备及安装工程		
			车床	
			刨床	
			钻床	
4		计算机监控系统		
5		工业电视系统		
6		管理自动化系统		
7		全厂接地及保护网		
8		电梯设备及安装工程		
			大坝电梯	
			厂房电梯	
9		坝区馈电设备及安装工程		
			变压器	
			配电装置	
10		厂坝区供水、排水、供热设备及安装工程		
11		水文、泥沙监测设备及安装工程		

工程造价（第二版）

Ⅰ	枢纽工程			
序号	一级项目	二级项目	三级项目	技术经济指标
12		水情自动测报系统设备及安装工程		
13		视频安防监控设备及安装工程		
14		安全监测设备及安装工程		
15		消防设备		
16		劳动安全与工业卫生设备及安装工程		
17		交通设备		

Ⅱ	引水工程及河道工程			
序号	一级项目	二级项目	三级项目	技术经济指标
一	泵站设备及安装工程			
1		水泵设备及安装工程		
2		电动机设备及安装工程		
3		主阀设备及安装工程		
4		起重设备及安装工程		
			桥式起重机	元/台
			平衡梁	元/付
			轨道	元/双 10m
			滑触线	元/三相 10m
5		水利机械辅助设备及安装工程		
			油系统	
			压气系统	
			水系统	
			水力量测系统	
			管路（管子、附件、阀门）	
6		电气设备及安装工程		
			控制保护系统	
			盘柜	

Ⅱ		引水工程及河道工程		
序号	一级项目	二级项目	三级项目	技术经济指标
			电缆	
			母线	
二	水闸设备及安装工程			
		电气一次设备及安装工程		
		电气二次设备及安装工程		
三	电站设备及安装工程			
四	供变设备及安装工程			
		变电站设备及安装		
五	公用设备及安装工程			
1		通信设备及安装工程		
			卫星通信	
			光缆通信	
			微波通信	
			载波通信	
			生产调度通信	
			行政管理通信	
2		通风采暖设备及安装工程		
			通风机	
			空调机	
			管路系统	
3		机修设备及安装工程		
			车床	
			刨床	
			钻床	
4		计算机监控系统		
5		管理自动化系统		
6		全厂接地及保护网		
7		厂坝区供水、排水、供热设备及安装工程		
8		水文、泥沙监测设备及安装工程		
9		水情自动测报系统设备及安装工程		
10		视频安防监控设备及安装工程		

Ⅱ	引水工程及河道工程			
序号	一级项目	二级项目	三级项目	技术经济指标
11		安全监测设备及安装工程		
12		消防设备		
13		劳动安全与工业卫生设备及安装工程		
14		交通设备		

表 4-28 　　　第三部分　金属结构设备及安装工程

Ⅰ	枢纽工程			
序号	一级项目	二级项目	三级项目	技术经济指标
一	挡水工程			
1		闸门设备及安装工程		
			平板门	元/t
			弧形门	元/t
			埋件	元/t
			闸门防腐	
2		启闭设备及安装工程		
			卷扬式启闭机	元/台
			门式启闭机	元/台
			油压启闭机	元/台
			轨道	元/双 10m
3		拦污设备及安装工程		
			拦污栅	元/t
			清污机	元/t（台）
二	泄洪工程			
1		闸门设备及安装工程		
2		启闭设备及安装工程		
3		拦污设备及安装工程		
三	引水工程			
1		闸门设备及安装工程		
2		启闭设备及安装工程		
3		拦污设备及安装工程		
4		钢管制作及安装工程		
四	发电厂工程			
1		闸门设备及安装工程		
2		启闭设备及安装工程		

I		枢纽工程		
序号	一级项目	二级项目	三级项目	技术经济指标
五	航运工程			
1		闸门设备及安装工程		
2		启闭设备及安装工程		
3		升船机设备及安装工程		
六				
II		引水工程及河道工程		
序号	一级项目	二级项目	三级项目	技术经济指标
一	泵站工程			
1		闸门设备及安装工程		
2		启闭设备及安装工程		
3		拦污设备及安装工程		
二	水闸工程			
1		闸门设备及安装工程		
2		启闭设备及安装工程		
3		拦污设备及安装工程		
三	小水电站工程			
1		闸门设备及安装工程		
2		启闭设备及安装工程		
3		拦污设备及安装工程		
4		钢管制作及安装工程		
四	调蓄水工程			
五	其他建筑物工程			

表 4-29　　　　　　第四部分　施工临时工程

序号	一级项目	二级项目	三级项目	技术经济指标
一	导流工程			
1		导流明渠工程		
			土方开挖	元/m³
			石方开挖	元/m³
			模板	元/m²
			混凝土	元/m³
			钢筋	元/t
			锚杆	元/根
2		导流洞工程		

序号	一级项目	二级项目	三级项目	技术经济指标
			土方开挖	元/m³
			石方开挖	元/m³
			模板	元/m²
			混凝土	元/m³
			喷混凝土	元/m³
			钢筋	元/t
			锚杆（索）	元/根（束）
3		土石围堰工程		
			土方开挖	元/m³
			石方开挖	元/m³
			堰体砌筑	元/m³
			砌石	元/m³
			防渗	元/m³（m²）
			堰体拆除	元/m³
			截流	
			其他	
4		混凝土围堰		
			土方开挖	元/m³
			石方开挖	元/m³
			模板	元/m²
			混凝土	元/m³
			防渗	元/m³
			堰体拆除	元/m³
			其他	
5		蓄水期下游断流补偿设施工程		
6		金属结构设备及安装工程		
二	施工交通工程			
1		公路工程		元/km
2		铁路工程		元/km
3		桥梁工程		元/延米
4		施工支洞工程		
5		码头工程		
6		转运站工程		
三	施工供电工程			
1		220kV 供电线路		元/km

序号	一级项目	二级项目	三级项目	技术经济指标
2		110kV 供电线路		元/km
3		35kV 供电线路		元/km
4		10kV 供电线路（引水河道工程）		元/km
5		变电设施（场内除外）		元/座
四	施工房屋建筑工程			
1		施工仓库		
2		办公、生活及文化福利建筑		
五	其他施工临时工程			

注：凡永久与临时结合的项目列入相应永久工程项目内。

表 4-30　　　　　　　　　　　第五部分　独立费用

序号	一级项目	二级项目	三级项目	技术经济指标
一	建设管理费			
二	工程建设监理费			
三	联合试运转费			
四	生产准备费			
1		生产及管理单位提前进厂费		
2		生产职工培训费		
3		管理用具购置费		
4		备品备件购置费		
5		工器具及生产家具购置费		
五	科研勘测设计费			
1		工程科学研究试验费		
2		工程勘测设计费		
六	其他			
1		工程保险费		
2		其他税费		

表中第二、三级项目，仅列示了代表性子目，编制概算时，二、三级项目可根据水利工程初步设计编制规程的工作深度要求和工程情况增减或再划分，例如：

（1）土方开挖工程，应将土方开挖与砂砾石开挖分列。

（2）石方开挖工程，应将明挖与暗挖，平洞与斜井、竖井分列。

（3）土石方回填工程，应将土方回填与石方回填分列。

（4）混凝土工程，应将不同工程部位、不同标号、不同级配的混凝土分列。

（5）模板工程，应将不同规格形状和材质的模板分列。

（6）砌石工程，应将干砌石、浆砌石、抛石、铅丝笼块石等分列。

（7）钻孔工程，应按使用不同钻孔机械及钻孔的不同用途分列。

（8）灌浆工程，应按不同灌浆种类分列。

（9）机电、金属结构设备及安装工程，应根据设计提供的设备清单，按要求逐一列出。

（10）钢管制作及安装工程，应将不同管径的钢管、叉管分列。

4.4 工程量计算

工程量是编制概算的基本要素之一。工程量计算的准确性，是衡量设计概算质量好坏的重要标准之一。如果工程量不按有关规定计算，则编制出的概算也就不正确。因此，预算人员除应具有本专业的知识外，还应具有一定程度的水工、施工、机电等专业知识，掌握工程量计算的基本要求、计算方法和计算规则。编制概算时，预算人员应查阅主要设计图纸和设计说明，对设计提供的工程量中，凡不符合概算编制有关规定的，应及时提出修正。

4.4.1 水利水电建筑工程量分类

水利水电建筑工程按其性质，工程量可划分为以下几类。

1. 设计工程量

设计工程量由图纸工程量和设计阶段扩大工程量组成。

（1）图纸工程量。指按设计图纸计算出的工程量。对于各种水工建筑物，是按其设计的几何轮廓尺寸计算出的工程量。对于钻孔灌浆工程，就是按设计参数（孔距、排距、孔深等）求得的工程量。

（2）设计阶段扩大工程量。指由于可行性研究阶段和初步设计阶段勘测、设计工作的深度有限，有一定的误差，为留有一定的余地而设置的工程量。通常用大于1的阶段系数反映。可行性研究阶段，其系数为1.03~1.15；初设阶段，其系数为1.01~1.10，详见表4-31。

表4-31　　　　　　　　　　设计工程量计算阶段系数表

项目	设计阶段	钢筋混凝土	混凝土			土石方开挖			土石方填筑			钢筋	钢材	灌浆
			工程量											
			300以上	100~300	100以下	500以上	200~500	200以下	500以上	200~500	200以下			
永久建筑物	可行性研究	1.05	1.03	1.05	1.10	1.03	1.05	1.10	1.03	1.05	1.10	1.05	1.05	1.15
	初步设计	1.03	1.01	1.03	1.05	1.01	1.03	1.05	1.01	1.03	1.05	1.03	1.03	1.10
临时建筑物	可行性研究	1.10	1.05	1.10	1.15	1.05	1.10	1.15	1.05	1.10	1.15	1.10	1.10	
	初步设计	1.05	1.03	1.05	1.10	1.03	1.05	1.10	1.03	1.05	1.10	1.05	1.05	
金属结构	可行性研究													1.15
	初步设计													1.10

2. 施工附加量

系指为完成本项工程而必须增加的工程量。例如，小断面圆形隧洞为满足交通需要扩挖下部而增加的工程量；隧洞工程为满足交通、放炮的需要设置洞内错车道、避炮洞所增加的工程量；为固定钢筋网而增加固定筋工程量等。

3. 施工超挖、超填工程量

为保证建筑物的安全，施工开挖一般都不允许欠挖，以保证建筑物的设计尺寸。施工超挖自然不可避免。影响施工超挖工程量大小的因素主要有：施工方法、施工技术及管理水平以及地质条件等。超填工程量，指由于施工超挖量、施工附加量相应增加的回填工程量。

4. 施工损失量

（1）体积变化损失量。如土石方填筑工程中的施工期沉陷而增加的工程量，混凝土体积收缩而增加的工程量等。

（2）运输及操作损耗量。如混凝土、土石方在运输、操作过程中的损耗。

（3）其他损耗量。如土石方填筑工程阶梯形施工后，按设计边坡要求的削坡损失工程量，接缝削坡损失工程量，黏土心（斜）墙及土坝的雨后坝面清理损失工程量，混凝土防渗墙一、二期墙槽接头孔重复造孔及混凝土浇筑增加的工程量等。

5. 质量检查工程量

（1）基础处理工程检查工程量。基础处理工程大多采用钻一定数量检查孔的方法进行质量检查。

（2）其他检查工程量。如土石方填筑工程通常采用挖试坑的方法来检查其填筑成品方的干密度。

6. 试验工程量

土石坝工程为取得石料场爆破参数和坝上碾压参数而进行的爆破试验、碾压试验增加的工程量，为取得灌浆设计参数而专门进行的灌浆试验增加的工程量等。

4.4.2 各类工程量在概算中的处理

上述各类工程量在编制概算时，应按《水利水电工程设计工程量计算规定》、部颁现行概预算定额、项目划分等有关规定正确处理。

1. 设计工程量

设计工程量就是编制概（估）算的工程量。图纸工程量乘以设计阶段系数，即是设计工程量。可行性研究、初步设计阶段的设计阶段系数应采用《水利水电工程设计工程量计算规定》中的数值。利用施工图设计阶段成果计算工程造价时，不论是施工图预算或是调整概算，其设计阶段系数均为 1.00，即设计工程量就是图纸工程量，不再保留设计阶段扩大工程量。

2. 施工附加量、施工超挖量及施工超填量

部颁现行概算定额已按现行施工规范计入合理的超挖量、超填量和施工附加量，故采用概算定额编制概、估算时，工程量不应计入这三项工程量。

部颁现行预算定额中均未计入这三项工程量，故采用预算定额编制概（估）算时，应将这三项合理的工程量，采用相应的超挖、超填预算定额编制工程单价，而不是简单的乘以这三项工程量的扩大系数。

3. 施工损失量

部颁现行概算、预算定额中均已计入了场内操作运输损耗量。土石坝沉陷损失量以及

削坡、雨后清理等损失工程量，均应按概、预算定额规定计入填筑工程单价中。一、二期混凝土防渗墙接头孔增加的工程量概算定额中已计入，而预算定额未计入。有关这些规定，概、预算定额的总说明及章、节说明中均有较详细的叙述。

4. 质量检查工程量

部颁现行概算定额中钻孔灌浆定额已按施工规范要求计入了一定数量的检查孔钻孔、灌浆及压水试验（或压浆检查），故采用概算定额编制概、估算时，不应计入检查孔的工程量。而部颁现行预算定额中均未计入检查孔，故采用预算定额编制预算或概算时，应按检查孔的参数选取相应的检查孔的钻、灌定额编制工程单价。

土石坝填筑质量检查所需的挖掘试坑，部颁现行概算、预算定额中均已计入了一定数量的土石坝填筑质量检测所需的试验坑，故编制概、预算时不应计入试验坑的工程量。

5. 试验工程量

爆破试验、碾压试验、灌浆试验等大型试验均为设计工作提供参数，应列在勘测设计费的专项费用或工程科研试验费用中。

4.4.3 计算工程量应注意的问题

1. 工程量项目设置必须与定额子目划分相适应

工程项目的设置除必须满足工程量计算规定的基本要求外，还必须与概算定额子目划分相适应，如土石方填筑工程应按抛石、堆石料、过渡料、垫层料等分列，固结灌浆应按深孔（地质钻钻孔）、浅孔（风钻钻孔）分列等。

2. 工程量计量单位必须与定额单位相同

分项工程量计算的计量单位必须与定额单位和定额的有关规定相一致。

有的工程项目，其计量单位可以有两种表示方式。如喷混凝土可以用 m^2，也可以用 m^3；混凝土防渗墙可以用 m^2（阻水面积），也可以用 m（进尺）和 m^3（混凝土浇筑）；高压喷射防渗墙可以用 m^2（阻水面积），也可以用 m（进尺），等等。设计采用的工程量的单位应与定额单位相一致，否则，应按定额的规定进行换算，使之一致。

3. 工程量计算要与定额的规定相适应

工程量计算的范围要与定额的规定范围相一致，否则，将导致漏项或重算。例如岩基帷幕灌浆，有的概算定额中已将建筑物段的钻孔、封孔工作量摊入岩基段的钻孔灌浆中，故当计算工程量时只能计算岩基段钻孔灌浆量；而有的定额则没有将建筑物段的钻孔、封孔工程量摊入岩基段的钻孔灌浆中，应分别计算建筑物段的钻孔工程量和岩基段的钻孔灌浆工程量。

4.5 概算文件编制步骤

水利水电工程概算文件内容多，涉及面广，工作量大，为了保证编制质量，提高工作效率，应按下述步骤进行。

1. 收集基本资料

（1）收集有关设计资料、设计图纸等，了解设计意图。

（2）向上级主管部门和工程所在省、自治区、直辖市的劳资、计划、基建、税务、物资供应、交通运输等部门及施工单位和制造厂家，收集编制概算所需的各项资料和有关规定。

（3）新工艺、新技术、新材料的有关价格、定额资料的调查分析等。

2. 编写工作大纲

（1）向设计部门了解工程位置、规模、枢纽布置、地质和水文情况，主要建筑物的结构形式和主要技术资料，施工总体布置，施工导流，对外交通条件，施工进度及主体工程施工方法等。

（2）深入现场了解工程布置及施工场地布置情况，砂、石、土料场位置及储量、级配以及场内外交通运输条件、运输方式等。

（3）编写工作大纲，指导各项具体工作。

1）确定编制原则和依据。

2）确定计算基础单价的基本条件和参数。

3）确定计算工程单价所采用的定额、取费标准和有关数据。

4）明确各专业提供资料的内容、深度要求和时间。

5）落实编制进度及提交最后成果的时间。

6）编制人员分工安排。

3. 工程项目划分

按照水利水电工程项目划分的要求，并结合工程实际情况，对建筑工程、机电设备及安装工程、金属结构设备及安装工程、施工临时工程和独立费用五部分分别进行一级项目、二级项目和三级项目划分。

4. 工程量计算

对每一个三级项目按定额单位和工程量计算规则分别计算其工程量。工程量的计算是一项很复杂繁琐的工作，需要认真仔细完成每一个三级项目的工程量。

5. 计算基础单价

基础单价是计算建筑工程单价和安装工程单价的依据，包括人工预算单价、材料预算单价、电风水价格、砂石料价格，不同级配和不同强度等级的混凝土半成品价格、不同强度等级的砂浆半成品价格、施工机械台时费等。

在上述基础单价计算的基础上，编制材料预算价格汇总表、施工机械台时费汇总表和半成品价格汇总表。

6. 计算建筑及安装工程单价

根据施工组织设计和项目划分结果，以及现行定额和费用标准，分别计算建筑工程、机电设备安装工程、金属结构设备安装工程和施工临时工程四部分包含的所有不重复的三级项目的工程单价。在此基础上，分别填写建筑工程单价汇总表和安装工程单价汇总表。

由于受设计深度所限，在初步设计阶段，相当一部分细部构造没有详细设计，难以准确计算其工程量，所以，在每个二级项目内设有其他工程一项，其内容是该二级项目的细部构造工程，此项费用计算通常用主体工程混凝土用量（m^3）乘以指标来确定。该指标在定额中有具体规定，但是，它是以定额颁发时的价格水平确定的，且只包括直接费，使用时要乘以综合系数和调价系数。因此，工程单价计算并汇总后，要计算综合系数和调价系数，确定各个建筑物的细部结构指标。

7. 计算设备单价

按照设计提供的设备清单，对不同名称、不同型号的设备逐一计算其单价，并编制设备单价汇总表。

8. 编制一至五部分概算表和分年度投资概算表

分别编制建筑工程、机电设备及安装工程、金属结构设备及安装工程、施工临时工程和独立费用五部分概算表，确定每一部分的概算投资，并确定施工期各年度一～五部分投资。

9. 编制工程量汇总表

计算并汇总主体工程主要工程量、主要材料用量和工时数量的汇总表。

10. 编制工程部分总概算表

根据有关资料和费用标准，计算工程部分一至五部分投资合计、基本预备费、静态投资，并编制工程部分总概算表。

11. 编制建设征地移民补偿总概算表、环境保护工程总概算表和水土保持工程总概算表

建设征地移民补偿、环境保护工程和水土保持工程划分的各级项目分别执行《水利工程设计概（估）算编制规定》（建设征地移民补偿）、《水利水电工程环境保护设计概（估）算编制规定》和《水土保持工程概（估）算编制规定》，根据相关资料和费用标准，编制建设征地移民补偿总概算表、环境保护工程总概算表和水土保持工程总概算表。

12. 编制资金流量表

资金流量表应汇总工程部分、征地移民、环境保护、水土保持部分投资，并计算总投资。资金流量表是资金流量计算表的成果汇总。

13. 编制工程概算总表

将工程部分总概算表、建设征地移民补偿总概算表、环境保护工程总概算表和水土保持工程总概算表汇总，编制工程概算总表。

14. 撰写概算编制说明

水利水电概算编制程序简图如图 4-1 所示。

4.6 概算的编制

4.6.1 编制方法

概算编制通常用以下三种方法来计算其投资，即使同一工程，对不同的项目可能会采用不同的方法。

1. 单价法

单价法是指用工程量乘以工程单价的方法计算工程投资。这种方法的准确度高，要求设计工作达到一定的深度，能计算出三级项目的工程量。

2. 指标法

指标法是指用综合工程量乘以综合指标的方法计算工程投资。这种方法准确度较差，适用于在初设阶段设计深度不够，难以提出具体工程量的项目，如交通工程、房屋工程等，大多采用综合工程量（km，m^2…）乘以综合指标（万元/km，元/m^2…）来计算其

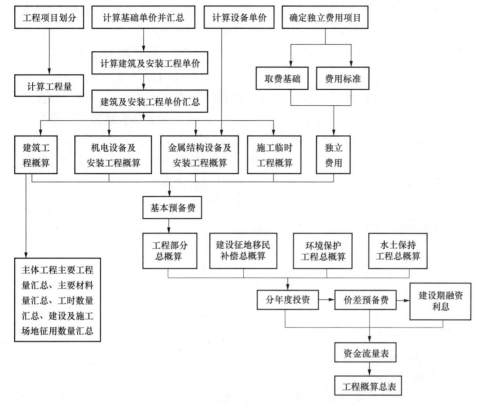

图 4-1　水利工程概算编制程序

投资。

3. 百分率法

对于有些细部构造项目，初步设计阶段提供粗略的工程量也有困难，但其准确程度对总投资影响不大。如房屋建筑工程中的室外工程、水工建筑物的内部观测工程、机电设备及安装工程中其他设备的安装费等，可按其相应工程投资或设备购置费的百分率估算。

4.6.2　建筑工程概算编制

建筑工程按主体建筑工程（项目划分中的一～七项）、交通工程、房屋建筑工程、供电设施工程、其他建筑工程分别采用不同的方法进行编制。

1. 主体建筑工程

（1）主体建筑工程的项目划分。一级项目和二级项目均执行水利水电工程项目划分的有关规定，不得合并和增设；三级项目可根据设计深度增减项目。例如：土方开挖应将土方开挖与砂砾石开挖分开；混凝土工程应按照不同施工部位不同设计强度等级划分等。

（2）主体建筑工程的工程量计算应执行《水利水电工程设计工程量计算规则》，按项目划分的要求，计算到三级项目。

（3）主体建筑工程投资采用单价法计算，按三级项目设计工程量乘以工程单价进行编制。首先以每个三级项目的设计工程量乘以相应三级项目的工程单价得出该三级项目的投资，然后，将每个二级项目内的各个三级项目的投资累加得到各个二级项目的投资，最后将每个一级项目内的二级项目投资累加得到各个一级项目的投资。

（4）当设计对主体建筑物混凝土施工有温控要求时，应根据温控措施设计，计算温控措施费用；也可以经过分析确定指标后，按建筑物混凝土方量进行计算。

（5）细部结构工程，可采用指标法进行计算，其投资可根据工程具体情况分析确定指标，或参考《水工建筑工程细部结构指标表》，按建筑物实体方量进行计算。

采用指标法还应注意以下几个问题。

1）指标应视为基本直接费，还应按照规定计如其他直接费、间接费、利润和税金等费用。

2）细部结构项目的选取，应根据工程的具体情况而定，没有的子项目应当删去，漏缺的应添上。

3）砌石重力坝按混凝土重力坝指标选取。

4）这些指标的选取应考虑物价因素进行调整。

2. 交通工程

系指水利水电工程中永久对外公路、铁路、桥梁、码头等工程。交通工程投资按设计工程量乘以单价进行计算，也可根据工程所在地区造价指标或有关实际资料，采用扩大单位指标编制。

3. 房屋建筑工程

（1）永久房屋建筑。

1）用于生产和办公的房屋建筑面积，由设计单位按有关规定，结合工程规模确定，单位造价指标根据当地相应建筑造价水平确定。

2）值班宿舍及文化福利建筑的投资，按主体建筑工程投资的百分率计算。

枢纽工程

投资≤50 000 万元	1.0%～1.5%
50 000 万元<投资≤100 000 万元	0.8%～1.0%
投资>100 000 万元	0.5%～0.8%
引水工程	0.4%～0.6%
河道工程	0.4%

注：在每档中，投资小或工程位置偏远者取大值；反之，取小值。

3）除险加固工程（含枢纽、引水、河道工程）、灌溉田间工程的永久房屋建筑面积，由设计单位根据有关规定结合工程建设需要确定。

（2）室外工程投资。一般按房屋建筑工程投资的15%～20%计算。

4. 供电设施工程

根据设计的电压等级、线路架设长度及所需配备的变电设施要求，采用工程所在地区造价指标或有关实际资料计算。

5. 其他建筑工程

（1）安全监测设施工程指属于建筑工程性质的内外部观测设施。安全监测工程项目投资应按设计资料计算。如无设计资料时，可根据坝型或其他工程形式，按照主体建筑工程投资的百分率计算：

当地材料坝	0.9% ~1.1%
混凝土坝	1.1% ~1.3%
引水式电站（引水建筑物）	1.1% ~1.3%
堤防工程	0.2% ~0.3%

（2）照明线路、通信线路等三项工程的投资按设计工程量乘单价或采用扩大单位指标编制。

（3）其余各项按设计要求分析计算。

4.6.3 机电设备及安装工程概算编制

机电设备及安装工程投资包括两个方面：设备费和安装工程费。因此，在编制机电设备及安装工程概算时，要分别从设备费和安装工程费两方面反映其投资。计算表格采用"设备及安装工程概算表"，表中第二栏填至项目划分中的三级项目。

设备费计算按设计提供的设备清单和单价分析确定的设备预算单价汇总表，按项目划分的顺序，从三级项目开始，逐项以设备数量乘以设备预算单价得到各个三级项目的设备费，然后逐级汇总，依次得到二级项目的设备费、一级项目的设备费和总的机电设备费。

安装工程费计算按设计提供的设备清单中需要安装的设备数量和单价分析确定的安装工程单价汇总表，按上述设备费计算方法，计算机电设备安装工程费。

一般情况下，主要设备的安装费采用安装工程量乘安装工程单价计算，其他设备的安装可采用安装费率计算。

在机电设备安装工程中，若用到装置性材料，则装置性材料费应计入安装工程费，而不能计入设备费。如管道、电缆、一次拉线、接地装置、保护网、钢轨、滑触线和压力钢管等材料。

4.6.4 金属结构设备及安装工程概算编制

金属结构设备及安装工程投资也包括两方面：设备费和安装工程费。计算表格采用"设备及安装工程概算表"，编制方法与机电设备及安装工程相同，不再重述。

4.6.5 施工临时工程概算编制

1. 导流工程

导流工程投资按主体建筑工程编制方法，采用设计工程量乘以工程单价计算。

2. 施工交通工程

施工交通工程投资按设计工程量乘以工程单价计算，也可根据工程所在地区交通工程造价指标或有关实际资料，采用扩大单位指标编制。

3. 施工供电工程

施工供电工程投资根据设计的电压等级、线路架设长度要求及所需配备的变配电设施要求，采用工程所在地区造价指标或有关实际资料计算。

4. 施工房屋建筑工程

施工房屋建筑工程包括施工仓库和办公、生活与文化福利建筑两部分。施工仓库，指为工程施工而临时兴建的设备、材料、工器具等仓库；办公、生活及文化福利建筑，指施工单位、建设单位（包括监理）及设计代表在工程建设期所需的办公室、宿舍、招待所和其他文化福利设施等房屋建筑工程。

不包括列入临时设施和其他施工临时工程项目内的电、风、水、通信系统，砂石料系统，混凝土拌合及浇筑系统，木工、钢筋、机修等辅助加工厂，混凝土预制构件厂，混凝土制冷、供热系统，施工排水等生产用房。

（1）施工仓库。施工仓库建筑面积由施工组织设计确定，单位造价指标根据当地相应建筑造价水平确定。其投资按建筑面积乘以单位造价指标计算。

（2）办公、生活及文化福利建筑。

1）枢纽工程和大型引水工程，按下列公式计算：

$$I=\frac{AUP}{NL}K_1K_2K_3$$

式中 I——办公、生活及文化福利建筑工程投资；

A——建安工作量，按工程一～四部分建安工作量（不包括办公、生活及文化福利建筑和其他施工临时工程）之和乘以（1+其他施工临时工程百分率）计算；

U——人均建筑面积综合指标，按12～15m²/人标准计算；

P——单位造价指标，按工程所在省、自治区、直辖市规定的该地区的永久房屋造价指标计算，（元/m²）；

N——施工年限，即施工组织设计确定的合理工期；

L——全员劳动生产率，一般不低于80 000～120 000元/（人·年）；施工机械化程度高取大值，反之取小值；采用掘进机施工为主的工程全员劳动生产率应适当提高；

K_1——施工高峰人数调整系数，取1.10；

K_2——室外工程系数，取1.10～1.15，地形条件较差的可取大值，反之取小值；

K_3——单位造价指标调整系数，按不同施工年限，采用表4-32中的调整系数。

表4-32　　　　　　　　　　　单位造价指标调整系数表

工　期	调整系数
2年以内	0.25
2～3年	0.4
3～5年	0.55
5～8年	0.7
8～11年	0.8

2）引水工程按一至四部分建安工作量的百分率计算。合理工期小于或等于3年时，按1.5%～2.0%计算；大于3年时，按1.0%～1.5%计算。

一般引水工程取中上限，大型引水工程取下限。

掘进机施工隧洞工程按表中费率乘以0.5调整系数。

3）河湖整治工程、灌溉工程、堤防工程、改建与扩建工程按一～四部分建安工作量的百分率计算。合理工期小于等于 3 年时,按 1.5%～2.0%计算;大于 3 年时,按 1.0%～1.5%计算。

    5. 其他施工临时工程

其他施工临时工程指除导流工程、施工交通工程、施工供电工程、施工房屋建筑工程以外的施工临时工程。主要包括砂石料加工系统、混凝土拌合浇筑系统、混凝土制冷系统、施工供水工程(泵房及干管)、防汛、防冰、施工排水、施工通信、大型施工机械安拆及临时支护、隧洞钢支撑等。

其他施工临时工程投资,按第一～四部分建安工作量(不包括其他施工临时工程)之和的百分率计算。各类工程百分率规定如下:

(1) 枢纽工程为 3.0%～4.0%。

(2) 引水工程为 2.5%～3.0%。一般引水工程取下限,隧洞、渡槽等大型建筑物较多的引水工程、施工条件复杂的引水工程取上限。

(3) 河道工程为 0.5%～1.5%。灌溉田间工程取下限,建筑物较多、施工排水量大或施工条件复杂的河道工程取上限。

4.6.6 独立费用概算编制

独立费用一般包括建设管理费、工程建设监理费、联合试运转费、科研勘测设计费、生产准备费和其他六个一级项目,每个一级项目又分若干个二级项目。计算表格可采用"建筑工程概算表",也可按实际情况采用其他形式的表格。

独立费用项目设置必须执行《水利水电工程设计概(估)算编制规定》的规定,并结合工程的具体情况,实际发生的列项,不发生的不列项。各分项的投资严格按照"计算标准"规定的方法计算。

4.6.7 分年度投资概算编制

分年度投资是计算价差预备费和建设期融资利息的基础,是根据施工组织设计确定的施工进度和合理工期而计算出的工程各年度预计完成的投资额。分年度投资概算表第二栏按一～五部分及所属一级项目顺序依次填写。

    1. 建筑工程

建筑工程分为永久建筑工程和施工临时工程。

(1) 永久建筑工程分年度投资表应根据施工进度的安排,对主要工程按各单项工程分年度完成的工程量和相应的工程单价计算。对于次要和其他工程,可根据施工进度,按各年所占完成投资的比例,摊入分年度投资表。

(2) 永久建筑工程分年度投资的编制至少应按二级项目中的主要工程项目分别反映各自的建筑工作量。

(3) 施工临时工程按施工进度划分的时段分别计算分年度投资。

    2. 安装工程

安装工程分年度投资应根据施工组织设计确定的设备安装进度计算各年预计完成的安装费。

3. 设备工程

设备工程分年度投资应根据施工组织设计确定的设备安装进度计算各年预计完成的设备费。

4. 独立费用

根据费用的性质和费用发生的先后与施工时段的关系，按相应施工年度分摊计算投资。

将以上各部分的分年度投资相加可得到基本费用分年度投资。基本费用分年度投资分别乘以基本预备费费率可得到分年度基本预备费。

4.6.8　资金流量概算的编制

资金流量是为满足工程项目在建设过程中各时段的资金需求，按工程建设所需资金投入时间计算的各年度使用的资金量。资金流量表的编制以分年度投资表为依据，按建筑安装工程、永久设备工程和独立费用三种类型分别计算。资金流量计算办法主要用于初步设计概算。

1. 建筑及安装工程资金流量

（1）建筑工程可根据分年度投资表的项目划分，考虑一级项目中的主要工程项目，以各年度建筑工作量作为计算资金流量的依据。

（2）资金流量是在原分年度投资的基础上，考虑预付款、预付款的扣回、保留金和保留金的偿还等编制出的分年度资金安排。

（3）预付款一般可划分为工程预付款和工程材料预付款两部分。

1）工程预付款按划分的单个工程项目的建安工作量的 10%～20% 计算，工期在 3 年以内的工程全部安排在第一年，工期在 3 年以上的可安排在前两年。工程预付款的扣回从完成建安工作量的 30% 起开始，按完成建安工作量 20%～30% 扣回至预付款全部回收完毕为止。

对于需要购置特殊施工机械设备或施工难度较大的项目，工程预付款可取大值，其他项目取中值或小值。

2）工程材料预付款。水利工程一般规模较大，所需材料的种类及数量较多，提前备料所需资金较大，因此考虑向承包商支付一定数量的材料预付款。可按分年度投资中次年完成建安工作量的 20% 在本年提前支付，并于次年扣回，依次类推，直至本项目竣工为止。

（4）保留金。水利工程的保留金，按建安工作量的 2.5% 计算。在概算资金流量计算时，按分项工程分年度完成的建安工作量的 5% 扣留至该项工程全部建安工作量的 2.5% 时终止（即完成建安工作量的 50% 时），并将所扣的保留金 100% 计入该项工程终止后一年（如该年已超出总工期，则此项保留金计入工程的最后一年）的资金流量表内。

2. 永久设备工程资金流量

永久设备工程资金流量计算，划分为主要设备和一般设备两种类型分别计算。

（1）主要设备的资金流量计算。主要设备为水轮发电机组、大型水泵、大型电机、主阀、主变压器、桥机、门机、高压断路器或高压组合电器、金属结构闸门启闭设备等。

按设备到货期确定各年资金流量比例,具体比例见表4-33。

表4-33   主要设备资金流量

到货周期 \ 年份	1	2	3	4	5	6
1	15%	75%*	10%			
2	15%	25%	50%*	10%		
3	15%	25%	10%	40%*	10%	
4	15%	25%	10%	10%	30%*	10%

注:表中带*号的年份为设备到货年份。

(2)其他设备。其资金流量按到货期前一年预付15%定金,到货年支付85%的剩余价款。

3. 独立费用资金流量

独立费用资金流量主要是勘测设计费的支付方式应考虑质量保证金的要求,其他项目则均按分年度投资表中的资金安排计算。

(1)可行性研究和初步设计阶段勘测设计费按合理工期分年平均计算。

(2)施工图设计阶段勘测设计费的95%按合理工期分年平均计算,其余5%的勘测设计费用作为设计保证金,计入最后一年的资金流量表内。

4.6.9 预备费、建设期融资利息、静态总投资、总投资的编制

1. 预备费

预备费指设计阶段难以预料而在施工过程中又可能发生的规定范围内的工程费用,以及工程建设期内发生的价差。包括基本预备费和价差预备费。

(1)基本预备费计算。主要解决在工程施工过程中,经上级批准的设计变更和国家政策性变动增加的投资及为解决意外事故而采取的措施所增加的工程项目和费用。根据工程规模、施工年限和地质条件等不同情况,按工程一～五部分投资合计(依据分年度投资表)的百分率计算。

初步设计阶段为5.0%～8.0%计算。

技术复杂、建设难度大的工程项目取大值,其他工程取中小值。

(2)价差预备费计算。主要解决在工程建设过程中,因人工工资、材料和设备价格上涨以及费用标准调整而增加的投资。

价差预备费不分设计阶段,根据施工年限,以资金流量表的分年度静态投资为计算基数,按国家有关部门根据物价变动趋势,适时调整和发布的年物价指数计算。计算公式为:

$$E = \sum_{n=1}^{N} F_n \left[(1 + p)^n - 1 \right]$$

式中 E——价差预备费;

      N——合理建设工期(年);

n——施工年度；

F_n——资金流量表内建设期第 n 年的静态投资；

p——年物价指数（或称年物价上涨指数）。

由价差预备费计算公式可以看出，价差预备费是按开工至竣工的合理建设工期计算的，未包括编制年至开工这段时间因物价上涨所增加的费用。因此，对开工年份与概算编制年份相差 2 年以内的工程，应按工程审定的物价指数、调整各大部分的分年度投资，然后依据审定的基本预备费和物价指数，计算调整工程总投资。对开工年份与投资编制年份相差 2 年以上的工程，应重新编制概算。

概算投资总额是否突破投资估算总额，应将投资估算调整至与概算相同年份的价格水平进行比较，避免因采用价格水平年份不同而影响投资的正确比较。

2. 建设期融资利息计算

建设期融资利息，不分设计阶段，根据合理建设工期，以资金流量表中分年度静态投资与价差预备费之和为计算基数，计算公式为：

$$S = \sum_{n=1}^{N} \left[\left(\sum_{m=1}^{N} F_m b_m - \frac{1}{2} F_n b_n \right) + \sum_{m=0}^{n-1} S_m \right] \times i$$

$$S_1 = \frac{1}{2} F_1 b_1 i$$

$$S_2 = \left(F_1 b_1 + \frac{1}{2} F_2 b_2 + S_1 \right) \times i$$

$$S_3 = \left(F_1 b_1 + F_2 b_2 + \frac{1}{2} F_3 b_3 + S_1 + S_2 \right) \times i$$

$$\cdots\cdots$$

式中　S——建设期融资利息；

N——合理建设工期（年）；

n——施工年度；

m——还息年度；

F_n、F_m——资金流量表内建设期第 n、m 年的静态投资加该年度价差预备费；

b_n、b_m——各施工年份融资额占当年的投资比例；

i——建设期融资利率；

S_m——第 m 年的付息额度。

例　某枢纽工程第一～五部分的分年度投资见表 4-34 所示，基本预备费 5%，年物价指数 6%，各年融资比例均为 70%，融资年利率 8%。按给定条件计算预备费和建设期融资利息。计算结果见表 4-35。

表 4-34　　　　　　　　　　　　分年度投资表

序号	项目	合计	建设工期/年		
			1	2	3
一	建筑工程	15 600	5100	8250	2250
1	建筑工程	15 000	5000	8000	2000

序号	项目	合计	建设工期/年		
			1	2	3
2	施工临时工程	600	100	250	250
二	安装工程	300	50	100	150
三	设备工程	300	150	100	50
四	独立费用	900	400	300	200
	一～四部分合计	17 100	5700	8750	2650

表4-35　　　　　　　　　　　预备费和建设期融资利息

序号	费用名称	合计	第1年	第2年	第3年
1	预备费	2881.18	644.10	1573.08	664.00
2	基本预备费	855.00	285.00	437.50	132.50
3	价差预备费	2026.18	359.10	1135.58	531.50
4	建设期融资利息	1929.21	177.63	658.53	1093.05

3. 静态总投资

工程一～五部分投资与基本预备费之和构成静态总投资。

编制工程部分总概算时，在第五部分独立费用之后，应顺序计列以下项目：

（1）一至五部分投资合计。

（2）基本预备费。

（3）静态总投资。

工程部分、建设征地移民补偿、环境保护工程和水土保持工程的静态投资之和构成静态总投资。

4. 总投资

静态总投资、价差预备费和建设期融资利息之和构成总投资。

编制工程概算总表时，在工程投资总计中，按顺序计列以下项目：

（1）静态总投资（汇总各部分静态投资）。

（2）价差预备费。

（3）建设期融资利息。

（4）总投资。

4.7　投资估算的编制

水利水电工程投资估算，是指在可行性研究阶段，按照国家和主管部门规定的编制办法、估算指标、各项取费标准，现行的人工、材料、设备价格，以及工程具体条件编制的以货币形式表现的技术经济文件；是可行性研究报告的组成部分，是国家（业主）为选定近期开发项目做出科学决策和批准进行初步设计的重要依据。经上级主管部门批准的投资估算，是控制该建设项目初步设计概算静态总投资的最高限额，不得任意突破。

可行性研究是水利水电建设程序中的一个重要阶段，是前期工作的关键性环节。投资估算的准确性，直接影响国家（业主）对项目选定的决策。但由于在可行性研究阶段，受勘测、设计和科研工作的深度限制，往往只能提出主要建筑物的主体工程量和发电机、水轮机、主阀、桥机、主变压器等主要设备。在这种条件下，要合理地编制投资估算，除了要有科学的编制办法、估算指标、费用标准等硬件外，更需要编制投资估算的专业人员深入调查研究，充分掌握第一手材料，合理选取单价指标，以保证投资估算的准确性。

4.7.1 投资估算的编制依据

（1）经批准的项目建议书投资估算文件。

（2）水利部《水利水电工程可行性研究投资估算编制办法（规程）》。

（3）水利部《水利工程设计概（估）算费用构成及计算标准》。

（4）水利部《水利工程设计概（估）算标准和水利水电工程施工机械台时费定额的补充规定》。

（5）可行性研究报告提供的工程规模、工程等级、主要工程项目的工程量等资料。

（6）投资估算指标、概算指标。

（7）建设项目中的有关资金筹措方式、实施计划、融资利息、对建设投资的要求等。

（8）工程所在地的基础单价标准。

（9）当地政府有关征地、拆迁、安置、补偿标准等文件或通知。

（10）编制可行性研究报告的委托书、合同或协议。

4.7.2 投资估算与设计概算的区别

估算和概算均为基本建设项目实施前对工程造价的预测，性质相同，所以两者在形式、内容、编制程序及主要方法、价格依据、费用构成及取费标准等方面都基本相同。它们的主要区别在于要求的工作深度不一样，可行性研究阶段较初步设计阶段的工作深度要浅。所以，投资估算的编制深度也相应较设计概算的浅，主要表现在以下几个方面。

1. 对次要工程项目投资的计算方法不同

水利水电工程中的主体建筑工程以及主要设备及安装工程是永久工程的主体，在工程总投资中占有举足轻重的地位。所以，为了保证投资估算的基本精度，采用与概算相同的项目划分，并以工程量乘以工程单价的方法计算其投资。永久工程中的非主体工程（或称次要工程），由于项目繁多，工程量及投资相对较小，在可行性研究阶段由于受设计深度限制，难以提出各三级项目的工程量，所以在估算中采用合并项目，用粗略的方法（指标法或百分率法）估算其投资。

（1）建筑工程。主体建筑工程中的其他建筑工程（照明线路、通信线路工程，厂坝区及生活区供水、供热、排水等公用设施工程，厂坝区环境建设工程等），全部合并在一起，采用占主体建筑工程（挡水工程、泄洪工程、引水工程、发电厂工程、升压变电工程等）投资的百分率估算其投资。

（2）机电设备及安装工程。将水力机械辅助设备、电气设备、通信设备、通风采暖设备、机修设备等发电厂辅助设备及安装工程合并，用指标（元/kW）估算其投资。将电梯、坝区馈电、供水、供热、水文、环保、外部观测、交通等设备及安装，以及全厂保护网、全厂接地等其他工程全部合并，以占主要机电设备（水轮机、发电机、主阀、桥机、主变等）的百分率估算其投资。

2. 定额依据不同

初设概算采用概算定额编制建安工程单价，而估算则采用综合性更强的估算指标编制建安工程单价。

估算指标的项目划分比概算定额的项目划分粗，估算指标的分项一般是概算定额中若干个分项的综合，并在此基础上综合扩大。因此，如采用概算定额编制估算的工程单价时，则要乘以综合扩大系数，现行规定的综合扩大系数为 1.10。

3. 预留费用的额度不同

由于可行性研究阶段的设计深度较初步设计浅，对有些问题的研究还不够深入，为了避免估算的总投资失控，故在编制投资估算时考虑的预留费用额度较初设概算的大。

预留费用体现在两个方面：一方面是设计工程量，另一方面是基本预备费。编制估算时采用的设计工程量计算阶段系数值较初设概算的大，估算采用的基本预备费费率较初设概算的大。

4.7.3 投资估算编制方法及计算标准

1. 基础单价

基础单价编制与概算相同。

2. 建筑、安装工程单价

投资估算主要建筑、安装工程单价编制与初步设计概算编制相同，一般采取概算定额，但考虑投资估算工作深度和精度，应乘以扩大系数。扩大系数见表 4-36。

表 4-36　　　　　　　　　　　建筑、安装工程单价扩大系数表

序号	工程类别	单价扩大系数（%）
一	建筑工程	
1	土方工程	10
2	石方工程	10
3	砂石备料工程（自采）	0
4	模板工程	5
5	混凝土浇筑工程	10
6	钢筋制安工程	5
7	钻孔灌浆及锚固工程	10
8	疏浚工程	10
9	掘进机施工隧洞工程	10

续表

序号	工程类别	单价扩大系数（％）
10	其他工程	10
二	机电、金属结构设备安装工程	
1	水力机械设备、通信设备、起重设备及闸门等设备安装工程	10
2	电气设备、变电站设备安装工程及钢管制作安装工程	10

3. 工程部分估算编制

（1）建筑工程。主体建筑工程、交通工程、房屋建筑工程基本与概算相同。其他建筑工程可视工程具体情况和规模按主体建筑工程投资的 3%～5% 计算。

（2）机电设备及安装工程。主要机电设备及安装工程基本与概算相同。其他机电设备及安装工程可根据装机规模按占主要机电设备的百分率或单位千瓦指标计算。

（3）金属结构设备及安装工程。编制方法基本与概算相同。

（4）施工临时工程。编制方法及计算标准基本与概算相同。

（5）独立费用。编制方法及计算标准基本与概算相同。

4. 分年度投资及资金流量

投资估算由于工作深度，仅计算分年度投资而不计算资金流量。

5. 预备费、建设期融资利息、静态总投资、总投资

可行性研究投资估算基本预备费率取 10%～12%，项目建议书阶段基本预备费率取 15%～18%。价差预备费率同初步设计概算。

4.8 施工图预算的编制

施工图预算，为了与施工单位编制的施工预算相区别，又称为设计预算。

4.8.1 预算的作用

施工图预算是在施工图设计阶段，在批准的概算范围内，根据国家现行规定，按施工图纸和施工组织设计综合计算的造价。其主要作用如下。

（1）是确定单位工程造价的依据。预算比主要起控制造价作用的概算更为具体和详细，因而可以起确定造价的作用。这一点对于工业与民用建筑而言，尤为突出。

（2）是签定工程承包合同，实行投资包干和办理工程价款结算的依据。因预算确定的投资较概算准确，故对于不进行招投标的特殊或紧急工程项目，常采用预算包干。按照规定程序，经过工程量增减、价差调整后的预算可以作为结算依据。

（3）是施工企业内部进行经济核算和考核工程成本的依据。施工图预算确定的工程造价，是工程项目的预算成本，其与实际成本的差额即为施工利润，是企业利润总额的主要组成部分。这就促使施工企业必须加强经济核算，提高经济管理水平，以降低成本，提高经济效益。

（4）是进一步考核设计经济合理性的依据。施工图预算的成果，因其更详尽和切合

实际，可以进一步考核设计方案的技术先进性和经济合理程度。施工图预算，也是编制固定资产价值的依据。

4.8.2　预算与概算的区别

施工图预算与概算的项目划分、编制程序、费用构成、计算方法都基本相同。施工图是工程实施的蓝图，建筑物的细部结构构造、尺寸，设备及装置性材料的型号、规格都已明确，所以据此编制的施工图预算，较概算编制要精细，具体表现在以下几个方面。

1. 主体工程

施工图预算与概算都采用工程量乘单价的方法计算投资，但深度不同。

概算根据概算定额和初步设计工程量编制，其三级项目经综合扩大，概括性强，而预算则依据预算定额和施工图设计工程量编制，其三级项目较为详细。如概算的闸、坝工程，一般只需套用定额中的综合项目计算其综合单价，而施工图预算须根据预算定额中按各部位划分为更详细的三级项目（如水闸工程的底板、垫层、铺盖、闸墩、胸墙等），分别计算单价。

2. 非主体工程

概算中的非主体工程以及主体工程中的细部结构采用综合指标（如道路以元/km、码头以元/座计等）或采用占主体工程投资百分率的方法估算投资，而预算则均要求按三级项目乘以工程单价的方法计算投资。

3. 造价文件的结构

概算是初步设计报告的组成部分，在初设阶段一次完成，概算完整地反映整个建设项目所需的投资。由于施工图的设计工作量大，历时长，故施工图设计一般以满足施工为前提，陆续出图。因此，施工图预算通常以单项工程为单位，陆续编制，各单项工程单独成册，最后汇总成总预算。

■ 思　考　题

1. 详述水利水电工程概算文件的主要内容。
2. 详述水利水电工程建筑工程概算表的编制步骤和内容。
3. 详述水利水电工程施工临时工程概算表的编制步骤和内容。
4. 详述水利水电工程机电设备及安装工程概算表的编制步骤和内容。
5. 详述水利水电工程金属结构设备及安装工程概算表的编制步骤和内容。
6. 详述水利水电工程概算的编制步骤及相应的详细工作内容。
7. 详述水利工程项目划分。
8. 基本预备费如何计算？
9. 价差预备费如何计算？
10. 建设期融资利息如何计算？

第 5 章

建筑工程造价

5.1 建设工程项目总投资

建设工程项目总投资，一般是指进行某项工程建设花费的全部费用。生产性建设工程项目总投资包括建设投资和铺底流动资金两部分；非生产性建设工程项目总投资则只包括建设投资。

建设投资由设备及工器具购置费、建筑安装工程费、工程建设其他费用、预备费（包括基本预备费和涨价预备费）和建设期利息组成。

1. 设备及工器具购置费

设备及工器具购置费是指按照建设工程设计文件要求，建设单位购置或自制达到固定资产标准的设备和新、扩建项目配置的首套工器具及生产家具所需的费用。设备及工器具购置费由设备原价、工器具原价和运杂费组成。在生产性建设工程项目中，设备及工器具投资主要表现为其他部门创造的价值向建设工程项目中的转移，但这部分投资是建设工程投资中的积极部分，它占项目投资比重的提高，意味着生产技术的进步和资本有机构成的提高。

设备一般是指生产、动力、起重、运输、通信设备，矿山机械，破碎、研磨、筛选设备，机械维修设备，化工设备，试验设备，产品专用模型设备和自动控制设备等。

工具一般是指钳工及锻工工具、冷冲及热冲模具、切削工具、磨具、量具、工作台、翻砂用的模型等。

器具一般是指车间和试验室应配备的各种物理仪器、化学仪器、测量仪器、绘图仪器等。

生产家具一般是指为保障生产正常进行而配备的各种生产用及非生产用的家具，如脚踏板、工具柜、更衣箱等。

2. 建筑安装工程费

建筑安装工程费是指建设单位用于建筑和安装工程方面的投资，由建筑工程费和安装工程费两部分组成。

建筑工程费包括：

（1）一般土建工程费用：指生产项目的各种厂房、辅助和公用设施的厂房，以及非生产性的住宅、商场、机关、学校、医院等工程中的房屋建设费用，房屋及构筑物的金属结构工程费用等。

（2）卫生工程费用：指生产性和非生产性工程项目中的室内外给排水、采暖、通风、民用煤气管道工程费用等。

（3）工业管道工程费用：指工业生产用的蒸汽、煤气、生产用水、压缩空气和工艺物料输送管道工程等费用。

（4）各种工业炉的砌筑工程费用：如锅炉、高炉、平炉、加热炉、石灰窑等砌筑工程费用等。

（5）特殊构筑物工程费用：包括设备基础、烟囱和烟道、栈桥、皮带通廊、漏斗、贮仓、桥涵、涵洞等工程费用。

（6）电气照明工程费用：包括室内电气照明、室外电气照明及线路、照明变配电工程费用等。

（7）大规模平整场地和土石方工程、围墙、大门、广场、道路、绿化工程等费用。

（8）采矿的井巷掘进及剥离工程费用等。

（9）特殊工程费用：如人防工程及地下通道工程等费用。

安装工程费用包括动力、电信、起重、运输、医疗、实验等设备本体的安装工程费用；与设备相连接的工作台、梯子等的装设工程费用；附属于被安装设备的管线敷设工程费用；被安装设备的绝缘、保温和油漆工程费用；为测定设备安装工程质量对单个设备进行无负荷试车的费用等。

3. 工程建设其他费用

工程建设其他费用是指未纳入以上两项的，根据设计文件要求和国家有关规定应由项目投资支付的为保证工程建设顺利完成和交付使用后能够正常发挥效用而发生的一些费用。

工程建设其他费用可分为三类：第一类是土地使用费，包括土地征用及迁移补偿费和土地使用权出让金；第二类是与项目建设有关的费用，包括建设管理费、勘察设计费、研究试验费等；第三类是与未来企业生产经营有关的费用，包括联合试运转费、生产准备费、办公和生活家具购置费等。

4. 预备费

预备费包括基本预备费和涨价预备费。

（1）基本预备费。是指项目在实施中可能发生难以预料的支出，需要预先预留的费用，又称不可预见费。主要指设计变更及施工过程中可能增加工程量的费用。

（2）涨价预备费。是指建设工程项目在设计期内由于价格等变化引起投资增加，需要事先预留的费用。

5. 建设期利息

是指项目借款在建设期内发生并计入固定资产的利息。

5.2 概算文件的组成及编制程序

5.2.1 概算文件的组成

设计概算可分为三级概算，即单位工程概算、单项工程综合概算和建设项目总概算。设计概算文件一般应包括 8 个部分：

（1）封面、签署页及目录。

（2）编制说明

1）工程概况。说明设计项目地理位置、名称、性质、特点，建设规模及厂外工程的主要情况，主要产品及产量，总投资，建设工期等。

2）资金来源及投资方式。

3）编制原则及依据。简要说明上级主管部门的有关规定，业主的要求，概算编制方法。详细说明设计文件，材料预算价格和调价规定，设备预算价格以及费用定额或取费标准等各项编制依据。

4）编制方法。说明本概算是采用概算定额法，还是采用概算指标法等。

5）投资分析。说明各工程项目费用占总投资的比例以及各种费用占总投资的比例，分析其投资效果。

6）其他需要说明的问题。说明主要设备型号、数量，主要材料品种和用量。

（3）建设项目总概算表。建设项目总概算表是确定整个建设项目从筹建到竣工验收、交付生产或使用的全部建设费用的文件。以工厂为例，总概算表是由各个生产车间、独立公用设施及独立构筑物的综合概算价值以及工程建设其他费用概算价值汇总组成的，一般包括三部分。

第一部分：工程费用项目

① 主要生产工程项目和辅助生产工程项目。

② 公用设施工程项目（如仓库，专用铁路、通信系统等）。

③ 生活、福利、文化、教育及服务性工程项目（如食堂、宿舍、浴室等）。

第二部分：工程建设其他费用项目

① 土地征用费；

② 建设场地原有建筑物、构筑物迁移补偿费，青苗补偿费等；

③ 建设单位管理费；

④ 生产职工培训费；

⑤ 联合试运转费；

⑥ 办公和生活用具购置费；

⑦ 勘察设计费；

⑧ 场地绿化费；

……

第一、二部分费用合计

第三部分：预备费、建设期利息和经营性项目铺底流动资金

在第一部分和第二部分费用合计之后，应计列预备费、建设期利息和经营性项目铺底流动资金，然后汇总出总概算价值，并列出可以回收的金额，总概算价值减回收金额为建设项目总造价。当没有可回收的金额时，总概算价值等于总造价。

（4）工程建设其他费用概算表。工程建设其他费用概算表是确定没有包括在单位工程概算内，但与整个建设项目总投资有关的其他费用的文件。它是根据设计文件和国家、地方政府、主管部门规定的费用项目和取费标准进行编制的。

（5）单项工程综合概算表。单项工程综合概算表是确定单项工程（如生产车间、教

120

学楼、独立构筑物等）全部建设费用的文件。它是根据该单项工程包括的所有单位工程的概算价值汇总而成的。当不编制总概算时，还应计入工程建设其他费用概算价值。

（6）单位工程概算表。单位工程概算表是确定单位工程所需建设费用的文件。包括一般土建工程、给排水工程、工业管道工程、特殊构筑物工程、电气照明工程、机械设备及安装工程、电气设备及安装工程、采暖工程、通风工程等单位工程概算表。

（7）附件：补充单位估价表。在概算定额缺项时，由基建主管部门或当地定额站、建设单位、施工单位等，根据设计要求、定额的编制原则，以及编制定额的各种编制依据等编制的。它仅用于经审定同意编制补充单位估价表工程。

（8）附件：主要设备材料数量及价格表。说明主要设备型号、数量，主要材料品种和用量以及价格等。

5.2.2 概算编制程序

1. 搜集和熟悉各种资料

在编制设计概算之前，应首先搜集和熟悉各种编制依据，尤其必须熟练掌握现行概算定额、费用定额及有关规定，准确把握每个子目工程的工作内容、施工方法、材料规格及工程量计算规则。只有资料齐全，熟悉并掌握其内涵，才能对照设计图准确列项和正确地计算工程量。

2. 熟悉设计图和设计说明书

在编制设计概算之前，必须认真阅读设计图和设计说明书，以了解设计意图和工程全貌。具体步骤如下。

（1）首先熟悉图纸目录及总说明，了解工程性质、建筑面积、结构及层数、图纸总张数，做到对工程情况有初步认识。

（2）按图纸目录检查图纸是否齐全，图号与图名是否一致，如有短缺应及时查找原因，补全图纸。

（3）熟悉建筑图。首先看建筑总平面图，了解建筑物的地理位置、高程、朝向等。再从平面图中看房屋的长度、宽度、轴线尺寸、开间大小、平面布局，并核对分尺寸之和是否等于总尺寸。然后看立面图、剖面图，了解建筑作法、材料规格、标高等，同时核对平、立、剖面图之间有无矛盾。

（4）熟悉结构图。了解各层板、梁、柱的布置，核对其尺寸是否与建筑图一致，并对其矛盾之处及时澄清。

（5）根据索引号查看各详图或标准图，了解各建筑构件、配件的形状和尺寸。读标准图集时首先了解图集的总说明，搞清楚该图集的设计依据、使用范围、选用条件、施工要求及注意事项，为正确列项做准备。

（6）将设计说明书、建筑图、结构图、大样图及标准图等资料结合起来，相互对照，以达到对工程全貌有比较清晰的认识，并形成立体概念，为对照定额列项、计算工程量打下基础。

3. 熟悉施工组织设计和施工现场情况

施工组织设计确定了建设项目施工总工期，各主要分部工程的施工方法，直接影响项目划分、定额单位选用及工程量计算，故必须搞清楚。

（1）施工方法。如基础开挖土方工程，有人工挖土方和机械挖土方之分，由于两者的边坡系数不同，工程量就不一样，加之工程单价也不相同，所以，同一基础开挖方量，不同的施工方法，计算出的工程造价不相同。又如钢筋混凝土工程中，某些构件可现浇，亦可预制。再如排除地下水，可以用明沟加集水井，也可用井点排水法等。施工方法不同，相应的工程单价就不相同。

（2）施工机械选择。如挖填土方工程，选用推土机还是铲运机；垂直运输用塔吊还是用卷扬机；还有运距的远近等。选用不同的施工机械或运距都会得到不同的工程造价。

（3）施工设施的选用。如脚手架是用钢管脚手架还是用竹脚手架；现浇混凝土工程中是选用定型钢模还是其他模板等，也直接影响工程造价。

4. 确定工程项目，计算工程量

列项计量是概算编制工程中工作量最大、最费时间且要求最具体、最细致的重要工作。为了准确列项计量，必须根据设计图纸和标准图提供的工程构造、设计尺寸和作法要求，结合施工现场的施工条件、地质、水文、平面布置等具体情况，按照概算定额的项目划分、工程量计算规则和计算单位等规定，认真确定每个分项工程，并对其工程量进行具体计算与复核。

5. 编制单位工程概算表

严格按照概算定额中有关子目的内容及顺序，认真填写单位工程概算表，使单位工程概算表中所列每一个分项工程的定额编号、工程项目名称、规格、计量单位、基价及人工、材料消耗量等，均与定额的口径一致。编制单位工程概算的具体步骤如下。

（1）套用定额单价及编制补充单价或换算单价。根据单位工程中划分的每一个分项工程的工作内容和施工方法，套用定额单价。对定额中没有的项目，要编制补充单价或换算单价，然后再套用。

由于施工技术的不断发展，新材料、新技术、新工艺的不断出现，定额中的单价往往不能完全满足使用要求。因此，应根据工程具体要求，按照新材料的价格及新技术、新工艺所需的人工、材料、机械台班数量，依照概算定额的编制规定，编制补充单价或换算单价，并附于概算书内。

（2）计算单位工程直接费。分项工程直接费是根据各分项工程量乘以定额单价（或补充单价或换算单价）而求得。单位工程直接费则是各个分部分项工程直接工程费和措施费的总和。

（3）计算其他各项费用。以单位工程直接费为基数，按照当地现行费用定额规定的标准计算单位工程的间接费、利润和税金。

（4）计算单位工程概算造价。单位工程概算造价＝直接费+间接费+利润+税金

6. 编制工程建设其他费用概算表

工程建设其他费用概算应根据工程具体情况和当地现行其他费用定额规定，计列其他费用项目，并按费用定额规定的方法和有关部门的现行规定计算其费用。

7. 编制单项工程综合概算表

单项工程综合概算是根据单项工程内各单位工程建安费和设备及工器具购置费汇总而成的。如果建设项目只有一个单项工程，则单项工程综合概算造价中还应包括其他工程和费用的概算造价。

8. 编制总概算表

建设项目总概算是根据其包括的各单项工程综合概算及建设项目的其他工程和费用概算汇总编制而成的。

9. 编写编制说明

编制说明的主要内容包括工程概况、编制依据、编制方法、投资构成分析、技术经济指标分析及主要材料和设备数量等。

10. 复核、装订、签章和上报审批

概算编制工作完成后,及时送本单位有关人员,以便对其主要内容、主要工程项目、主要工程量、单价及费用标准等进行检查核对,做到及时发现并纠正可能出现的差错。复核无误后印刷、装订签章并与设计图纸、说明书一同上报主管部门审批。

5.2.3 造价计算方法

建设项目概算编制是由单个到综合,由局部到总体,逐个编制,层层汇总。建设项目总造价一般按下述方法计算。

1. 分项工程直接工程费 A

$$A = 定额分项工程单价 \times 分项工程量$$

2. 分部工程直接工程费 B

$$B = \sum A$$

3. 单位工程直接费 C

$$C = \sum B + 措施费$$

措施费是指为完成工程项目施工,发生于该工程施工前和施工过程中非工程实体项目费用,一般包括下列项目:

(1)环境保护费

$$环境保护费 = 直接工程费 \times 环境保护费费率$$

(2)文明施工费

$$文明施工费 = 直接工程费 \times 文明施工费费率$$

(3)安全施工费

$$安全施工费 = 直接工程费 \times 安全施工费费率$$

(4)临时设施费

$$临时设施费 = (周转使用临建费 + 一次性使用临建费) \times (1 + 其他临时设施所占比例)$$

(5)夜间施工增加费

$$夜间施工增加费 = \left(1 - \frac{合同工期}{定额工期}\right) \times \frac{直工程接费中的人工费合计}{平均日工资单价} \times 每工日夜间施工费开支$$

(6)二次搬运费

$$二次搬运费 = 直接工程费 \times 二次搬运费费率$$

(7)大型机械设备进出场及安拆费

$$大型机械设备进出场及安拆费 = \frac{一次进出场及安拆费 \times 年平均安拆次数}{年工作台班}$$

（8）混凝土、钢筋混凝土模板及支架费

1）使用自购模板及支架

$$模板及支架费=模板摊销量×模板价格+支、拆、运输费$$

2）使用租赁模板及支架

$$租赁费=模板使用量×使用日期×租赁价格+支、拆、运输费$$

（9）脚手架费

1）使用自购脚手架

$$脚手架搭拆费=脚手架摊销量×脚手架价格+搭、拆、运输费$$

2）使用租赁脚手架

$$租赁费=脚手架每日租金×搭设周期+搭、拆、运输费$$

（10）已完工程及设备保护费

$$已完工程及设备保护费=成品保护所需机械费+材料费+人工费$$

（11）施工排水降水费

$$排水降水费=\sum（排水降水机械台班费×排水降水周期）+排水降水使用材料费、人工费$$

4. 单位工程造价 D

$$D=C+间接费+利润+税金$$

间接费包括规费和企业管理费。规费是指政府和有关权利部门规定必须缴纳的费用，包括工程排污费、社会保障费、住房公积金和工伤保险费。企业管理费是指建筑安装企业组织施工生产和经营管理所需费用，包括管理人员工资、办公费、差旅交通费、固定资产使用费、工具用具使用费、劳动保险费、工会经费、职工教育经费、财产保险费、财务费、税金和其他。

间接费的计算方法按计费基数的不同分为以下三种：

（1）以直接费为计算基础

$$间接费=直接费×间接费费率（\%）$$

（2）以人工费和机械费之和为计算基础

$$间接费=人工费和机械费之和×间接费费率（\%）$$

（3）以人工费为计算基础

$$间接费=人工费×间接费费率（\%）$$

其中：

$$间接费费率（\%）=规费费率（\%）+企业管理费费率（\%）$$

利润是指施工企业完成所承包工程获得的盈利，按计算基数不同分为以下三种：

（1）以直接费和间接费之和为计算基础

$$利润=（直接费+间接费）×利润率（\%）$$

（2）以人工费和机械费之和为计算基础

$$利润=（人工费+机械费）×利润率（\%）$$

（3）以人工费为计算基础

$$利润=人工费×利润率（\%）$$

税金是指国家税法规定的应计入建筑安装工程造价的营业税、城市维护建设税及教育附加费。

$$税金 = (直接费 + 间接费 + 利润) \times 税率$$

如果项目所在地为市区的，则税率为 3.41%；如果项目所在地为县城镇的，则税率 3.35%；如果项目所在地为农村的，则税率为 3.22%。

5. 单项工程造价 F

$$F = \sum D$$

6. 工程建设其他费用 E

$$E = \sum （计算基础 \times 计算标准）$$

7. 建设投资 G

$$G = \sum F + E + 预备费 + 建设期利息$$
$$预备费 = 计算基础 \times 计算标准（\%）$$
$$建设期利息 = 计算基础 \times 计算标准（\%）$$

5.3 建筑面积计算

5.3.1 建筑面积的组成

建筑面积是指建设物各层水平投影面积的总和。

建筑面积包括使用面积、辅助面积和结构面积。

使用面积是指建筑物各层平面布置中可直接为生产或生活使用的净面积的总和。在民用建筑中居室净面积称为居住面积。

辅助面积是指建筑物各层平面布置中为辅助生产或生活所占的净面积的总和。在民用建筑中厨房、厕所等占的面积称辅助面积。使用面积与辅助面积的总和称有效面积。

结构面积是指建筑各层平面布置中的墙体、柱等结构所占面积的总和（不含抹灰厚度所占面积）。

5.3.2 正确计算建筑面积的意义

建设面积是一项重要的技术经济指标。在一定时期内完成建筑面积的多少，标志着一个国家工农业生产发展状况、人民生活居住条件的改善和文化生活福利设施发展的程度。

建筑面积是计算土地利用系数和确定平面系数的基础。一座城市或一个单位的总建筑面积与建筑总占地（即占地皮）面积之比即为该市或该单位的土地利用系数。可见，土地利用系数越大，土地利用越高。建筑物的有效面积与建筑面积之比，就是设计中所要求的平面系数（K 值）。建筑面积一定，平面系数越大，则可供使用的面积就越大。

建筑面积是编制设计概算的基数。在应用概算指标编制初步设计概算时，是按照初步设计平面布置图计算建筑面积，再按设计结构特征查找相应的概算指标来编制概算的。

建筑面积也是编制施工图预算的基础。这是因为某些分项工程量的计算与建筑面积关系密切，例如由它可计算出平整场地、地面防潮、楼地面和屋面等分项的工程量和高层建筑增加费等。另外，确定单方造价，每平方米用工、用料时，必须求出预算总造价或总用工、总用料与建筑面积之比。

所以，正确计算建筑面积对国民经济计划统计工作，对正确评价设计质量，对施工企业内部实行经济核算、投标报价、编制施工组织设计、做好物资供应等都具有重要的意义。

5.3.3 建筑面积的计算规则

1. 计算建筑面积的范围

（1）单层建筑物不论其高度如何均按一层计算，其建筑面积按建筑物外墙勒脚以上的外围水平面积计算。单层建筑物内如带有部分楼层者，亦应计算建筑面积。

例 5-1 已知某单层房屋平面和剖面图（图 5-1），计算该房屋建筑面积。

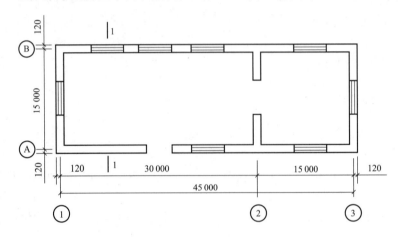

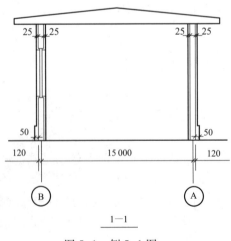

图 5-1　例 5-1 图

分析 该房屋没有层高的标注，仍可以计算建筑面积。因为单层建筑物面积的计算与层高无关，或者说不论层高多少，单层建筑物均按一层建筑面积来计算。因此：

$$建筑面积：S = (45.00 + 0.24) \times (15.00 + 0.24)\,\text{m}^2 = 689.46\,\text{m}^2$$

（2）高低联跨的单层建筑物，如需分别计算建筑面积，应以高跨结构外边线为界分别计算。当高跨为边跨时，其建筑面积按勒脚以上两端山墙外表面间的水平长度，乘以勒脚以上外墙表面至高跨中柱外边线的水平宽度计算；当高跨为中跨时，其建筑面积按勒脚以上两端山墙外表面间的水平长度，乘以中柱外边线的水平宽度计算。

例5-2 已知某联跨房屋平面和剖面图（图5-2），分别计算该房屋高跨和低跨的建筑面积。

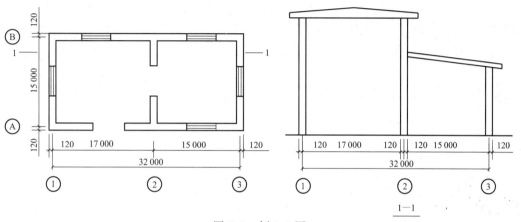

图5-2　例5-2图

高跨建筑面积：$S_1 = (17.00+0.24) \times (15.00+0.24) \text{m}^2 = 262.74 \text{m}^2$

低跨建筑面积：$S_2 = 15.00 \times (15.00+0.24) \text{m}^2 = 228.60 \text{m}^2$

（3）多层建筑物的建筑面积按各层建筑面积的总和计算，其底层按建筑物外墙勒脚以上外围水平面积计算，二层及二层以上按外墙外围水平面积计算。

例5-3 已知某多层房屋平面和剖面图（图5-3），计算该房屋建筑面积。

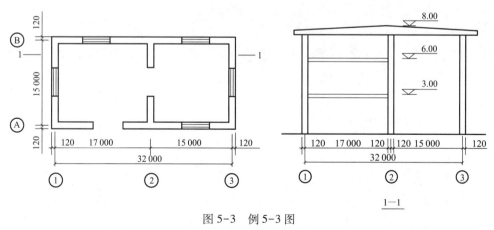

图5-3　例5-3图

分析　该房屋为建筑物内部存在多层结构，按第3条规则计算，并注意内部层高未达到2.2m的不计算面积（如内部第三层）。

建筑面积 $S = (32.00+0.24) \times (15.00+0.24) \text{m}^2 + (17.00+0.24) \times (15.00+0.24) \text{m}^2$
$= 754.08 \text{m}^2$

（4）层高达到2.2m的地下室、半地下室、地下车间、仓库、商店、地下指挥部等及相应出入口的建筑面积按其上口外墙（不包括采光井、防潮层及其保护墙）外围的水平投影面积计算。

（5）用深基础做地下架空层加以利用，层高超过 2.2m 的，按架空层外围的水平面积的一半计算建筑面积。

（6）坡地建筑物利用吊脚做架空层加以利用且层高超过 2.2m 的，按围护结构外围水平面积计算建筑面积。

（7）穿过建筑物的通道、建筑物内的门厅、大厅不论其高度如何，均按一层计算建筑面积。大厅、大厅内回廊部分按其水平投影面积计算建筑面积。

例 5-4 已知某房屋平面和剖面图（图 5-4），计算该房屋各部分的建筑面积。

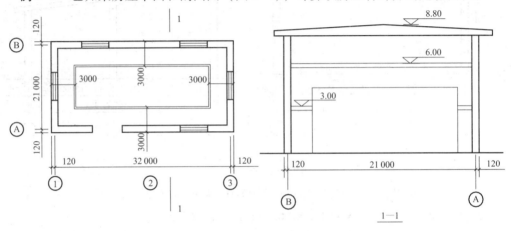

图 5-4　例 5-4 图

分析　回廊是指沿厅周边布置的楼层走廊。对于上图，结构楼层共两层，其中一层夹有回廊。建筑物面积等于基本的两层面积加上回廊的面积。

楼层建筑面积：$S_1 = (32.00+0.24) \times (21.00+0.24) \times 2m^2 = 1369.56m^2$

回廊建筑面积：$S_2 = 3.00 \times (32.00+0.24-3.00+21.00+0.24-3.00) \times 2m^2$

$$= 284.88m^2$$

总建筑面积 $S = S_1 + S_2 = 1654.44m^2$

（8）图书馆的书库按书架层计算建筑面积。

（9）电梯井、提物井、垃圾道、管道井等均按建筑物自然层计算建筑面积。

（10）舞台灯光控制室按围护结构计算建筑面积。

（11）建筑物内的技术层，层高超过 2.2m 的，应计算建筑面积。

（12）有柱雨篷按柱外围水平面积计算建筑面积，独立柱的雨篷按顶盖的水平投影面积的一半计算建筑面积。

（13）有柱的车棚、货棚、站台等按柱外围水平面积计算建筑面积，单排柱、独立柱的车棚、货棚、站台等按顶盖的水平投影面积的一半计算建筑面积。

例 5-5 已知某独立柱雨篷和双排柱车棚平面和剖面图（图 5-5、图 5-6），分别计算它们的建筑面积。

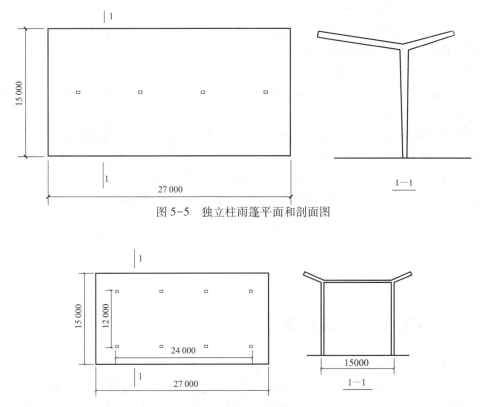

图 5-5 独立柱雨篷平面和剖面图

图 5-6 双排柱车棚平面和剖面图

独立柱雨篷建筑面积 $S=0.5×27.00×15.00\text{m}^2=202.50\text{m}^2$

双排柱车棚的建筑面积：$S=24.00×12.00\text{m}^2=288.00\text{m}^2$

（14）突出屋面的有围护结构的楼梯间、水箱间、电梯机房等按围护结构外围水平面积计算建筑面积。

（15）突出墙外的门斗按围护结构外围水平面积计算建筑面积。

（16）封闭式阳台、挑廊，按其水平投影面积计算建筑面积。凹阳台、挑阳台按其水平投影面积的一半计算建筑面积。

（17）建筑物墙外有顶盖和柱的走廊、檐廊按柱的外边线水平面积计算建筑面积。无柱走廊、檐廊按其投影面积的一半计算建筑面积。

（18）两个建筑物间有顶盖的架空通廊，按通廊的投影面积计算建筑面积。无顶盖的架空通廊按其投影面积的一半计算建筑面积。

（19）室外楼梯作为主要通道和用于疏散的均按每层水平投影面积计算建筑面积；楼内有楼梯，室外楼梯按其水平投影面积的一半计算建筑面积。

（20）跨越其他建筑物、构筑物的高架单层建筑物，按其水平投影面积计算建筑面积，多层者按多层计算。

（21）建筑物内变形缝、沉降缝等，凡宽度在 300mm 以内者，均依其缝宽按自然层计算建筑面积，并入建筑物建筑面积之内计算。

第 5 章 建筑工程造价

129

2. 不计算建筑面积的范围

（1）突出墙面的构件配件和艺术装饰，如柱、垛、勒脚、台阶、无柱雨篷等。

（2）检修、消防等用的室外爬梯。

（3）层高在 2.2m 以内的技术层。

（4）构筑物，如独立烟囱、烟道、油罐、水塔、贮油（水）池、贮仓、圆库、地下人防干线、地下人防支线等。

（5）建筑物内外的操作平台、上料平台及利用建筑物的空间安置箱罐的平台。

（6）没有围护结构的屋顶水箱、舞台及后台悬挂幕布、布景的天桥、挑台。

（7）单层建筑物内分隔的操作间、控制室、仪表间等单层房间。

（8）层高小于 2.2m 的深基础地下架空层、坡地建筑物吊脚架空层。

（9）建筑物内宽度大于 300mm 的变形缝、沉降缝。

（10）宽度大于 500mm 的楼梯井不能分层计算建筑面积，只能计算一层建筑面积。

3. 其他

在计算建筑面积时，如遇上述以外的情况，可参照上述规则办理。

5.4 工程量计算的一般方法

工程量是以物理计量单位或自然计量单位所表示的各个分项工程和构配件的数量。物量计量单位一般是指以公制度量表示的长度、面积、体积、重量等。如建筑物的建筑面积、楼地面的面积（m^2）；墙基础、墙体、混凝土梁、板、柱的体积（m^3）；钢梁、钢柱、钢屋架的重量（t）等。自然计量单位一般是指以物体的自然形态表示的计量单位，例如烟囱脚手架以座为单位，化粪池、检查井以个为单位，设备安装以台为单位等。

工程量是编制单位工程概算的重要依据。工程量计算的正确与否，直接影响工程概算的编制质量。

5.4.1 计算工程量的依据

计算工程量主要依据设计图纸、设计说明、定额、施工组织设计和工程量计算手册等资料。其中设计图和有关构件的标准图标注了拟建工程的工程内容、建筑物各部分的组成、形状和尺寸、建筑材料和构造特征，为工程量计算中的列项和计算各分部分项工程的实物消耗量提供了依据。

施工组织设计确定的施工方法，材料、构件的加工方式和堆放地点等，是选套定额、确定计算方法的主要依据。例如，计算土方工程量时，不仅要根据基础设计图的尺寸决定开挖深度，还要依据施工组织设计、施工现场的实际情况和施工方法，确定放坡系数及是否需支挡土板等。

定额提供了典型工程分部分项的项目、工程内容、工作内容、计量单位、工程量计算规则、计算顺序及单位分项工程的工、料、机消耗指标等。计算具体工程的工程量时，首先按定额顺序，结合具体工程的设计图等资料，逐步列出各单位工程包含的分部分项工程项目，简称为列项。然后按照设计图纸标注的尺寸和定额规定的分项工程量计算规则逐项进行计算。

5.4.2 工程量的计算顺序

为了便于计算和审核工程量，防止遗漏或重复计算，必须按一定的顺序计算。对于一个具体工程来说，同类的分项工程很多，例如一般土建工程中的砖基础分项工程，有外墙基础、内墙基础等。其中外墙基础的各段会形成一个首尾相连的密闭圈形，而内墙基础各段则是横七竖八，互相交错。对于这些墙基础，应当逐段进行计算后汇总起来，这就应当按照某种顺序有条不紊地进行。一般土建工程，通常采用以下几种顺序进行计算。

1. 顺时针计算法

计算某分项工程量时，从图纸左上角开始，按顺时针方向依次进行计算的方法称顺时针计算法。如图 5-7 所示，计算外墙、内墙、室内外墙体装饰、室内楼地面面层工程量时，依箭头所指示的次序，从左上角开始依次计算。计算有内走廊、内天井（庭院）建筑的工程量常用此法。

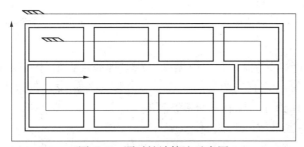

图 5-7　顺时针计算法示意图

2. 横竖计算法

计算某分项工程量时，以施工图上的轴线为准，先横后竖，从上而下，从左到右进行计算的顺序方法叫横竖计算法。如图 5-8 所示，计算内墙工程量时，按图中序号先横后竖，从上到下，从左到右依次计算，以避免漏算、重算。

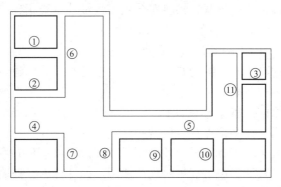

图 5-8　横竖计算法示意图

3. 编号计算法

编号计算法包括以下几种。

（1）轴线编号计算法。计算某分项工程量时，以平面图上的定位轴线编号顺序，从左到右，从下而上依次进行计算。如图 5-9 所示，计算墙身工程量时可从轴线①算至轴线

⑦，再从轴线Ⓐ算到轴线Ⓓ。

（2）构件编号计算法。计算钢筋混凝土柱、主梁、次梁、圈梁、过梁和楼板时，按图上注明的分类编号 Z、L、L—L 和 B，依号码次序进行计算的方法。如图 5-10 所示，柱代号为 Z，编号从 Z_1 到 Z_{15}；主梁代号为 L，从 L_1 到 L_{10}；次梁代号为 L—L，编号从 $L—L_1$ 到 $L—L_{12}$，计算时分类依次计算其工程量。结构构件工程量的计算多用此法。

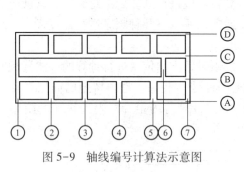

图 5-9　轴线编号计算法示意图　　　　图 5-10　构件编号计算法示意图

4. 统筹计算法

计算某单位工程分项工程量时，根据统筹法原理和工程量计算过程中的内在联系，先计算"基数"，再计算与之有关的分项工程量，并按照事先设计的统筹图，运用统筹表格进行计算的方法，叫统筹计算法，简称统筹法。

统筹法的计算基数是"三线三面"。

（1）三线。指某单位工程建筑平面图中的外墙外边线、外墙中心线和内墙净长线。可分别用 $q_外$、$q_中$、$q_内$ 表示。与之有关的计算项目如下。

1）建筑面积、勒脚、腰线、外装饰抹灰、散水等分项工程量计算要用到 $q_外$。

2）外墙基础工程（如挖槽、基础垫层、钢筋混凝土条形基础、砖石基础、墙基防潮、基础梁）、圈梁、墙身砌筑、女儿墙等分项工程量计算要用到 $q_中$。

3）内墙基础挖地槽、基础垫层、基础浇灌、砌筑、防潮层、基础梁、圈梁、内墙、隔断墙、地面、踢脚线、内墙抹灰、顶棚等分项工程量计算要用到 $q_内$。

（2）三面指底层建筑面积、门、窗洞口面积。可分别用 S_J 和 S_M、S_C 表示。

与底层建筑面积 S_J 有关的计算项目有：建筑面积、平整场地、房内回填土、屋面工程等。

与建筑面积有关的项目有：综合脚手架、二次搬运费、高层建筑超高费等。建筑面积还是计算技术经济指标的基础。

门窗面积是计算墙体工程量和墙面抹灰工程量时要扣除 0.3m^2 以上的门、窗洞口所占的面积或体积的依据，故必须先算，以备扣减。

（3）钢筋混凝土构件、建筑配件工程量。常用的标准钢筋混凝土构、配件工程量应分别计算出来，为计算其他各项工程量时连续使用。如计算内、外墙工程量时需扣除嵌入墙身的钢筋混凝土柱、梁、圈梁、过梁等构配件所占体积，故柱、梁等构件工程量须先计算，并注明占何种规格的外（内）墙体积或面积数，以便连续计算，多次使用。

5.4.3　工程量计算表及有关注意事项

（1）工程量计算应当采用表格形式，在表中列出定额依据、计算公式，以利汇总和审核。常用的工程量计算表，见表 5-1 和表 5-2。

表 5-1 工程量计算表

序号	定额编号	分部分项工程名称	单位	计算公式	工程量

表 5-2 钢筋混凝土构件、配件和门窗工程量计算表

定额编号	构、配件名称及编号	单位	计算公式	工程量	
				占外墙	占内墙

（2）计算工程量时，应根据习惯采取固定的顺序填写长、宽、高尺寸，以避免混淆和差错，有效地利用前面计算成果。其尺寸数字均应以图纸所示尺寸为准，逐一填写。

（3）工程量列项及其计量单位应与定额口径一致，做到准确列项、正确计量，避免重复或漏项。计算的精确程度，一般要达到小数点后三位，在汇总工程量时则要求精确到小数点后两位，其后四舍五入。但土方和爆破工程、绿化工程、室内外给排水工程、暖气工程、通风工程中的管材和刷油等均取整数，其后面的小数四舍五入。

5.5 单位工程概算编制

按现行规定，建设项目在初步设计阶段编制概算。当需要进行技术设计时，则编制修正概算。无论是建设项目总概算，还是单项工程综合概算，其编制基础均为单位工程概算，即先编制单位工程概算，由单位工程概算汇总成单项工程综合概算，最后在综合概算的基础上再编制出项目建设总概算。

5.5.1 建筑工程概算编制

5.5.1.1 一般土建工程概算编制

建筑工程概算是综合概算的组成部分。一个单项工程，如住宅楼、影剧院等工程，均需编制一般土建工程、给排水工程、采暖和电气照明等工程的单位工程概算。

1. 一般土建工程概算编制依据

（1）设计文件。包括：批准的项目设计任务书、设计项目一览表及主管部门批准的有关规定，经过核审的设计图纸、文字说明和设备清单，标准图集和主要材料、设备清单等。

（2）施工组织设计和建筑场地的工程地质等资料。

（3）定额资料。包括：工程所在地区的现行建筑工程和各专业工程的概算定额、概算指标、已完工类似工程概算、单位估价表、材料预算价、调价系数或调价办法、费用定额、现行有关其他费用定额和技术经济指标等。

2. 编制程序和编制方法

（1）编制程序。首先，要全面熟悉有关各专业的设计图纸、文字说明，搞清楚设计要求和设计意图、主要尺寸、结构形式、装饰要求和特殊作法等，对工程形成立体感。在此基础上依据基础图、结构图等图纸和概算定额项目，确定好计算项目（列项），结合工程量计算规则，逐项有序地列出计算式并计算工程量。其次，套用定额单价或地区统一单

位估价表（若定额或单位估价表有缺项，尚需做出补充单价），并填写单位工程概算表。再次，在计算单位工程直接工程费、措施费的基础上，计算间接费、利润、税金等需要计算的费用，并汇总计算出一般土建工程单位工程概算价值。最后，计算技术经济指标。

（2）编制方法。编制建筑工程概算时，通常列表编制。一般土建概算表格形式见表 5-3。

表 5-3   土建工程概算表

工程名称：某造纸厂维修车间一般土建工程

定额编号	分部分项工程名称	单位	工程量	单价/元	金额/元	其中工资/元
	建筑面积	m²	3785.48			
	一、土石方工程					
1—3	人工挖土方	m³	621.71	10.30	6403.61	
1—7	人工挖沟槽	m³	15.78	12.13	191.41	
1—11	人工挖地坑	m³	2245.25	13.12	29 457.68	
1—19	人工平整场地	m²	1077.00	1.29	1389.33	
	小计				37 442.03	
	二、砖石工程					
3—1	砖基础 50 号砂浆	m³	43.43	119.03	5169.47	
3—12	砖外墙 50 号砂浆	m²	608.26	33.32	20 267.22	
	⋮				⋮	
	小计				167 183.11	
	⋮				⋮	
	合计				1 958 586.85	

假定定额直接费为 1 958 586.85 元，计算各项费用见表 5-4。

表 5-4   某造纸厂维修车间一般土建工程各项费用计算表

序号	项目名称	取费费率（%）	金额/元
1	定额直接工程费		1 958 586.85
2	措施费		176 272.82
3	直接费		2 134 859.67
4	间接费		320 228.95
5	利润	4.00	98 203.54
6	税金	3.41	87 067.26
7	含税工程造价		2 640 359.42
	平方米造价		697.50

注：措施费和间接费计算依据前述计算公式。

5.5.1.2 水暖电单位工程概算编制

水暖电单位工程概算编制与一般土建单位工程概算编制的基本原理是相同的。可以说，只要已掌握一般土建工程概算编制，再结合水暖电单位工程的专业特点，是能够做到触类旁通和举一反三的。由于水暖电工程分别属于三个不同专业且专业性较强，这里不再分别详述其工程量计算规则和编制依据、方法。

5.5.2 设备及安装单位工程概算编制

1. 正确编制设备及安装工程概算的意义

设备及安装工程是工程建设项目的重要组成部分，它对于提高国民经济技术装备水平，增加国家经济实力，发展高新技术产业，更好地满足人民对物质和文化生活的需要，有着巨大的实际意义和深远地历史作用。设备及安装工程概算的确定和编制，在投资项目建设的全过程中起着控制投资额的作用。在能源、交通、化工、电力和公路工程等重点工程建设项目的总投资中，设备及安装工程所占比重多达全部建设费用的60%～70%左右；在基础设施和文教、卫生、科学研究、住宅小区等一般民用建设中，其投资比重也要占全部建设费用的30%～40%左右。总之，无论是工农业生产的发展，人民居住条件和环境的改善，还是高新技术的投入，均与设备安装工程密切相关。所以，正确地编好设备及安装工程概算，对建设资金的合理使用和控制，提高投资的经济效益，都具有十分积极的意义，是一项不可缺少的管理工作。

2. 设备及安装工程概算价值的组成

由于设备的性能及传动方式的不同，在设备安装施工中通常分为机械设备及安装工程和电气设备及安装工程。在日常管理工作中经常把机械设备及安装和电气设备及安装，统称为设备及安装工程。

3. 设备购置费和安装工程费的确定

（1）设备购置费的确定。设备购置费是指设备由出厂地点或交货地点运到工地仓库后的出库价格。同材料预算价格一样，也是由设备原价、运杂费、运输保险费和设备采购及保管费4项费用组成。设备购置费的确定方法，参阅第3章3.5，这里不再赘述。

（2）设备安装工程费的确定。设备安装工程费是对需要安装的机械或电气设备，在施工过程中定位、安装接线、调试，使之达到设计生产能力所发生的费用。主要是指设备安装概算定额中的直接费、间接费、利润、税金以及与之相关的各项取费。

4. 设备及安装工程单位工程概算编制

无论是机械设备及安装工程，还是电气设备及安装工程，单位工程概算的编制均采用设备及安装工程概算表，具体编制方法见表5-5和表5-6。

表5-5 　　　　　　　　　　　　　**设备及安装工程概算表**

工程名称：某造纸厂维修车间机械设备及安装工程

定额编号	设备名称及规格	单位	数量	重量/t		预算价格/元					
						单位价值			总价值		
				单重	总重	设备	安装费		设备	安装费	
							合计	其中工资		合计	其中工资
1—5	车床C620	台	3	2.24	6.72	6100	2276.20	848.40	18 300	6828.60	2545.20
1—42	摇臂钻床Z35	台	1	4.30	4.30	10 000	2749.60	1020.70	10 000	2749.60	1020.70
	小计				11.02				28 300	9578.20	3565.90

表 5-6   设备及安装工程各项费用计算表

序号	费用名称	取费费率（%）	金额/元
1	直接工程费		9578.20
2	措施费		862.04
3	直接费		10 440.24
4	间接费		7830.18
5	利润	4.00	730.82
6	税金	3.41	647.94
7	含税工程造价		19 649.18

注：措施费和间接费计算依据前述计算公式。

5.6 工程建设其他费用概算编制

5.6.1 正确编制工程建设其他费用概算的意义

工程建设其他费用概算是属于整个建设工程所必需的，而又独立于单位工程以外的建设费用文件。这些费用，在编总概算时，列入总概算内；如果不编总概算时，则列入综合概算内。

在进行基本建设开始施工前，要进行建设场地准备工作，如征用土地，迁移建设场地上的居民、原有建筑物拆除，要成立专门机构从事筹建事宜，工程竣工后，要进行验收清理等等。这些建设费用都是为整个建设工程服务的，一般不计入单位工程费用中。因此，称为工程建设其他费用。

正确的编制工程建设其他费用的重要意义是：

（1）其他费用概算是编制总概算的基础文件。当不编总概算时，则直接列入单项工程综合概算内。所以，其他费用概算编制得是否正确，直接影响综合概算或总概算造价的高低。

（2）其他费用项目直接体现了党的方针、政策和社会主义制度的优越性。例如，征用土地费、原有房屋构筑物拆除费、居民迁移费等，直接体现了党对劳动人民的关怀，充分显示了我国社会主义制度的无比优越性。因此，正确地编制其他费用，有利于贯彻党的方针政策和调动群众的积极性。

（3）工程建设其他费用的大小直接影响固定资产价值的大小。因此，正确编制其他费用概算，不仅可以满足进行基本建设所必需的费用，而且还可以合理使用资金。

5.6.2 工程建设其他费用概算的编制方法

5.6.2.1 工程建设其他费用定额及编制概算的有关规定

其他费用同建筑工程、设备及安装工程相比，比较简单，为了简化编制手续，就是在施工图设计阶段一般的也只编概算，不编预算。

工程建设其他费用概算是根据国务院主管部门及省、市、自治区建委（以下简称主管部门）规定的费用定额和工程需要情况进行编制的。

在编概算时，对不属于施工活动的其他费用，如征用土地费、迁移补偿费、建设单位管理费等均不计算间接费用、差别利润和税金。

根据统一领导、分级管理的原则，工程建设其他费用定额的编制原则、项目划分、项目内容、计算方法以及能统一和必须统一的费用定额均由国家发改委制订、颁发和管理。除了统一定额以外的其他费用定额，分别由各省、自治区、直辖市和国务院有关部门负责制定、审批、颁发和管理，并报国家发改委备案。

（1）土地青苗等补偿费和安置补助费标准由各省、自治区、直辖市人民政府及有关部门按照《国家建设征用土地条例》制订实施细则并颁发执行。

（2）建设单位管理费、研究试验费、生产职工培训费、办公和生活家具购置费、联合试运转费、施工机构迁移费、工器具及生产家具购置费、矿山井巷维修费、预备费等费用定额均由国务院各主管部门制订、审批、颁发和管理。各省、自治区、直辖市对其所属建设项目可结合本地区特点进行调整。

（3）引进技术和进口设备的其他工程费用定额由国务院有关主管部门制订、审批、颁发和管理。

工程建设其他费用编制应贯彻实事求是、精打细算、不留活口的原则，以利于实行费用包干。

5.6.2.2 工程建设其他费用概算的内容

1. 土地使用费

土地使用费是指按照《中华人民共和国土地管理法》等规定，建设工程项目征用土地或租用土地应支付的费用。

（1）农用土地征用费。农用土地征用费由土地补偿费、安置补助费、土地投资补偿费、土地管理费、耕地占用税等组成，并按被征用土地的原用途给予补偿。

征用耕地的补偿费用包括土地补偿费、安置补助费以及地上附着物和青苗的补偿费。

1）征用土地的土地补偿费，为该征地被征用前三年平均年产值的6～10倍。

2）征用耕地的安置补助费，按照需要安置的农业人口数计算。需要安置的农业人口数，按照被征用的耕地数量除以征地前被征用单位平均每人占有耕地的数量计算。每一个需要安置的农业人口的安置补助费标准，为该耕地被征用前三年平均年产值的4～6倍。但是，每公顷被征用耕地的土地补偿费和安置补助费标准，最高不得超过被征用前三年平均年产值的15倍。

征用其他土地的土地补偿费和安置补助费标准，由省、自治区、直辖市参照征用耕地的土地补偿费和安置补助费的标准规定。

3）征用土地上的附着物和青苗的补偿标准，由省、自治区、直辖市规定。

4）征用城市郊区的菜地，用地单位应当按照国家有关规定缴纳新菜地开发建设基金。

（2）取得国有土地使用费。取得国有土地使用费包括土地使用权出让金、城市建设配套费、房屋征收与补偿费等。

1）土地使用权出让金。是指建设工程通过土地使用权出让方式，取得有限期的土地使用权，依照《中华人民共和国城镇国有土地使用权出让和转让暂行条例》规定，支付的土地使用权出让金。

2）城市建设配套费。是指因进行城市公共设施的建设而分摊的费用。

3）房屋征收与补偿费。根据《国有土地上房屋征收与补偿条例》的规定，房屋征收对被征收人给予的补偿包括：被征用房屋价值的补偿；因征收房屋造成的搬迁、临时安置的补偿；因征收房屋造成的停产停业损失的补偿。

2. 与项目建设有关的其他费用

（1）建设管理费。建设管理费是指建设单位自项目筹建开始直至工程竣工验收合格或交付使用为止发生的项目建设管理费用。费用内容包括：

1）建设单位管理费。建设单位管理费是指建设单位发生的管理性质的开支。包括：工作人员工资、工资性补贴、施工现场津贴、职工福利费、住房基金、基本养老保险费、基本医疗保险费、失业保险费、工伤保险费，办公费、差旅交通费、劳动保护费、工具用具使用费、固定资产使用费、必要的办公及生活用品购置费、必要的通信设备及交通工具购置费、零星固定资产购置费、招募生产工人费、技术图书资料费、业务招待费、设计审查费、工程招标费、合同契约公证费、法律顾问费、咨询费、完工清理费、竣工验收费、印花税和其他管理性质开支。

2）工程监理费。工程监理费是指建设单位委托工程监理单位实施工程监理的费用。

3）工程质量监督费。工程质量监督费是指工程质量监督检验部门检验工程质量而收取的费用。

（2）可行性研究费。可行性研究费是指在建设工程前期工作中，编制和评估项目建议书（或预可行性研究报告）、可行性研究报告所需的费用。

（3）研究试验费。研究试验费是指为本建设项目提供或验证设计数据、资料等进行必要的研究试验及按照设计规定在建设过程中必须进行试验，验证所需的费用。

（4）勘察设计费。勘察设计费是指委托勘察设计单位进行工程水文地质勘察、工程设计所发生的各项费用。包括：

1）工程勘察费。

2）初步设计费（基础设计费）、施工图设计费（详细设计费）。

3）设计模型制作费。

（5）环境影响评价费。环境影响评价费是指按照《中华人民共和国环境保护法》《中华人民共和国环境影响评价法》等规定，为全面、详细评价本建设工程项目对环境可能产生的污染或造成的重大影响所需的费用。包括编制环境影响报告书（含大纲）、环境影响报告表和评估环境影响报告书（含大纲）、评估环境影响报告表等所需的费用。

（6）劳动安全卫生评价。劳动安全卫生评价费是指按照劳动部《建设工程项目（工程）劳动安全卫生监察规定》和《建设工程项目（工程）劳动安全卫生预评价管理办法》的规定，为预测和分析建设工程项目存在的职业危险、危害因素的种类和危害程度，并提出先进、科学、合理可行的劳动安全卫生技术和管理对策所需要的费用。包括编制建设工程项目劳动安全卫生预评价大纲和劳动安全卫生预评价报告书以及为编制上述文件所进行的工程分析和环境现状调查等所需的费用。

（7）场地准备及临时设施费。场地准备及临时设施费是指建设场地准备和建设单位临时设施费。

1）场地准备费是指建设工程项目为达到工程开工条件所发生的场地平整和对建设场

地遗留的有碍于施工建设的设施进行拆除清理的费用。

2）临时设施费是指为满足施工建设需要而供到场地边界区的，未列入工程费用的临时水、电、路、信、气等其他工程费和建设单位的现场临时建（构）筑无的搭设、维修、拆除、摊销或建设期间租赁费用，以及施工期间专用公路或桥梁的加固、养护、维修等费用。此项费用不包括已列入建筑工程安装费中的施工单位临时设施费用。

（8）引进技术和进口设备其他费。引进技术和进口设备其他费，包括出国人员费用、国外工程技术人员来华费用、技术引进费、分期或延期付款利息、担保费以及进口设备检验鉴定费。

1）出国人员费用。指为引进和进口设备派出人员到国外培训和进行技术联络、设备检验等的差旅费、制装费、生活费等。

2）国外工程技术人员来华费用。指为安装进口设备、引进国外技术等聘用外国工程技术人员进行技术指导工作所发生的费用。包括技术服务费、外国技术人员的在华工资、生活补贴、差旅费、医药费、住宿费、交通费、宴请费、参观游览等招待费用。

3）技术引进费。指为引进国外先进技术而支付的费用。包括专利费、专有技术费（技术保密费）、国外设计及技术资料费、计算机软件费等。

4）分期或延期付款利息。指利用出口信贷引进技术活进口设备采取分期付款或延期付款的办法所支付的利息。

5）担保费。指国内金融机构为买方出具保函的担保费。

6）进口设备检验鉴定费。指进口设备按规定付给商品检验部门的进口设备检验鉴定费。

（9）工程保险费。工程保险费是指建设工程项目在建设期间根据需要对建筑工程、安装工程、机械设备和人身安全进行投保二发生的保险费用。包括建筑安装工程一切险、进口设备财产保险和人身意外伤害险等。不包括已列入施工企业管理费中的施工管理用财产、车辆保险费。不投保的工程不计取此项费用。

（10）特殊设备安全监督检验费。特殊设备安全监督检验费是指在施工现场组装的锅炉及压力容器、压力管道、消防设施、燃气设备、电梯等特殊设备和设施，由安全监察部门按照有关安全检查条例和实施细则以及技术要求的进行安全检验，应由建设工程支付的，向安全监察部门缴纳的费用。

（11）市政公用设施建设及绿化补偿费。市政公用设施建设及绿化补偿费是指使用市政公用设施的建设工程项目，按照项目所在地省一级人民政府有关规定建设或缴纳的市政公用设施建设配套费用，以及绿化工程补偿费用。

3. 与未来企业生产经营有关的其他费用

（1）联合试运转费。联合试运转费是指新建项目或新增加生产能力的项目，在交付生产齐纳按照批准的设计文件所规定的质量标准和技术要求，进行整个生产线或装置的负荷联合试运转或局部联动试车所发生的费用净支出（试运转支付大于收入的差额部分费用）。试运转支出包括试运转所需要原材料、燃料及动力消耗、低值易耗品、其他物料消耗、工具用具使用费、机械使用费、保险金、施工单位参加试运转人员工资及专家指导费等；试运转收入包括试运转期间的产品销售收入和其他收入。

（2）生产准备费。生产准备费是指新建项目或新增生产力的项目，为保证竣工交付使用进行必要的生产准备所发生的费用。费用内容包括：

1）生产职工培训费。自行培训、委托其他单位培训人员的工资、工资性补贴、职工福利费、差旅交通、学习资料费、学费、劳动保护费。

2）生产单位提前进厂参加施工、设备安装、调试等以及熟悉工艺流程及设备性能等人员的工资、工资性补贴、职工福利费、差旅交通费、劳动保护费等。

（3）办公和生活家具购置费。办公和生活家具购置费是指为保证新建、改建、扩建项目初期正常生产、使用和管理所必须购置的办公和生活家具、用具的费用。改、扩建项目所需的办公和生活用具购置费，应低于新建项目。其范围包括办公室、会议室、资料档案室、阅览室、文娱室、食堂、浴室、理发室和单身宿舍等。

5.6.3 工程建设其他费用概算编制实例

某造纸厂工程利用有关数据和主管部门规定的费用定额，编制的其他费用概算见表 5-7。

表 5-7 某造纸厂其他工程和费用概算

序号	费用名称	计算式
1	建设单位管理费	总概算第一部分费用合计×取费标准＝25 305 505 元×1%＝253 055 元
2	征用土地费	菜地 955 亩×600 元/亩＝573 000 元 棉花地 900 亩×450 元/亩＝405 000 元 合计 573 000 元+405 000 元＝978 000 元
3	砍伐树木补偿费	50 株×8 元/株＝400 元
4	生产职工培训费	（1）培训工种工人费用 培训期间费用 650×60%×（6×167+60）元＝390×1062 元＝414 180 元 在厂期间费用 390×（12-6）×70 元＝163 800 元 （2）其他工种工人费用 （650-390）×12×70 元＝218 400 元 合计 414 180 元+163 800 元+218 400 元＝796 380 元
5	供电贴费	5000kVA×90 元/kVA＝450 000 元
6	办公和生活用家具购置费	（1）办公家具 117 人×150 元/人＝17 550 元 （2）食堂 650×12 元/人＝7800 元 （3）单身宿舍 390 人×80 元/人＝31 200 元 （4）厂区浴室 43（淋浴器个数）×250 元/个＝10 750 元 （5）幼儿园 130（儿童数）×60 元/人＝7800 元 （6）医务室 50（人门诊）33（病床数）×2000 元/床＝66 000 元 （7）招待所（50 床位数）×200 元/床＝10 000 元 合计 17 550 元+7800 元+31 200 元+10 750 元+7800 元+66 000 元+10 000 元＝151 100 元
7	工器具和生产家具购置费	全厂设备购置费 14 430 417 元×1%＝144 304 元
8	勘察设计费	25 305 505 元×1.8%＝455 499 元
	合　计	253 055 元+978 000 元+400 元+796 380 元+450 000 元+151 100 元+144 304 元+455 499 元＝3 228 738 元

5.7　单项工程综合概算编制

5.7.1　单项工程综合概算的作用

单项工程综合概算是确定单项工程所需建设费用的综合文件。它包括单项工程的全部建设费用，是根据单项工程包括的各个单位工程概算汇总编制的（当不编制总概算时，还应列入工程建设其他费用概算）。

单项工程综合概算在基本建设工作中具有下列作用。

（1）综合概算是计算和分析整个单项工程建设费用和投资效果的重要依据。单项工程是具有独立设计文件，在竣工后可以独立发挥设计规定的生产能力或效益的工程。综合概算是以单项工程为对象进行编制的，因此，可以通过编制综合概算计算和分析整个单项工程的建设费用及其投资效果。同时，由于单项工程综合概算是编制建设项目总概算的基础文件，因此，综合概算编制的正确与否还会影响到整个建设项目的建设费用及其投资效果。

（2）综合概算是选择经济合理设计方案的主要依据。由于单项工程具有独立的设计文件，在竣工后可以独立发挥设计所规定的生产能力或效益，这样，根据单项工程综合概算价值计算出来的技术经济指标，不仅能说明新建企业或车间的单位生产能力的投资额或每吨设备的投资额，同时也可以说明新建工程单位服务能力（如住宅每平方米建筑面积、医院每个床位、影院每个席位）的投资额等。根据这些技术经济指标就能进行投资技术经济分析，检验设计方案是否经济合理。

（3）综合概算是编制基本建设计划的依据；是实行投资包干和签订施工合同的依据；是办理基本建设贷款的依据；是建设单位计划材料和设备订货的依据。

5.7.2　综合概算的内容

综合概算，一般包括综合概算表及其所附的单位工程概算表。如果不编制总概算，对外单独提出时，还要附上编制说明。

5.7.2.1　综合概算表包括的单位工程概算

1. 工业建设工程

（1）建筑工程中的一般土建工程，卫生工程（给水、排水、采暖、通风工程）、工业管道工程、特殊构筑物工程、电气照明工程。

（2）设备及安装工程中的机械设备及安装工程和电气设备及安装工程。

（3）工程建设其他费用。

2. 民用建设工程

（1）一般土建工程。

（2）卫生工程。

（3）电气照明工程。

（4）其他费用。

综合概算表是根据某一单项工程内各个单位工程概算表编制而成的。每项综合概算表中究竟包括哪些单位工程和费用，应当根据工程的建设规模、设计要求及建设条件等方面因素来确定。

建设规模较大，有两个以上单项工程，就需要编制总概算。工程建设其他费用列入总概算，也会因设计的具体要求不同，每个单项工程所包含的单位工程和费用也不会一样。

5.7.2.2　综合概算表的费用构成划分

（1）建筑工程费。

（2）安装工程费。

（3）设备购置费。

（4）工具、器具及生产家具购置费。

（5）工程建设其他费用。

5.7.2.3　编制说明

编制说明列于综合概算表的前面，一般包括以下内容。

（1）说明上级机关的指标和规定、设计文件、概算定额、概算指标、材料预算价格、设备预算价格及费用定额等各项编制依据。

（2）说明编制概算时采用概算定额，还是采用概算指标。

（3）说明主要机械设备、电气设备及建筑安装主要材料（钢材、木材、水泥）的数量。

（4）其他有关问题。

5.7.3　综合概算的编制方法

1. 综合概算的编制

综合概算是根据单项工程内各个单位工程概算等基础文件，采用国家建委规定的表式编制的。现结合某造纸厂维修车间综合概算实例（表5-8）来说明综合概算的编制方法。

表头填写建设项目名称、单项工程名称、综合概算价值等。

表 5-8　　　　　　　　　　　　　综合概算表

建设项目：某造纸厂

单项工程：维修车间　　　　　　　　　　　　　　　综合概算价值：304.13 万元

序号	工程或费用名称	概算价值/万元						技术经济指标			占投资额（%）
		建筑工程费	设备购置费	安装工程费	工、器具生产家具购置费	其他费用	合计	单位	数量	指标	
1	2	3	4	5	6	7	8	9	10	11	12
	一、建筑工程										
1	一般土建工程	264.04					264.04	m²	3785.48	697.50	86.65
2	给排水工程	15.80					15.8	m²	3785.48	41.74	5.18
3	电气照明工程	12.52					12.52	m²	3785.48	33.07	4.11
	小计	292.36					292.36	m²	3785.48	772.24	95.94

序号	工程或费用名称	概算价值/万元						技术经济指标			占投资额（%）
		建筑工程费	设备购置费	安装工程费	工、器具生产家具购置费	其他费用	合计	单位	数量	指标	
	二、设备及安装工程										
4	机械设备及安装工程		2.83	1.96			4.79	t	11.02	4346.64	1.57
5	电气设备及安装工程		5.16	2.42			7.58	t	5.09	14 891.94	2.49
	小计		7.99	4.38			11.80	t	16.11	7324.64	3.87
	合计	292.36	7.99	4.38			304.73				100
	投资比例（%）	95.94	2.62	1.44			100				

将单项工程包括的单位工程和费用项目名称依次填入 2 栏，将建筑工程概算价值填入 3 栏，将设备价值填入 4 栏，将设备安装工程概算价值填入 5 栏，将工具、器具及生产家具购置费填入 6 栏，当建设项目不编总概算时，将工程建设其他费用填入 7 栏。

按栏分别汇总，计算出各项工程费用的合计，各栏合计数相加之和应等于 8 栏竖向各个数字相加之和。

将各项工程和费用概算价值按费用构成分别填入各有关栏目，其作用：① 为了各栏汇总，便于编制总概算；② 为了计算各项费用占总投资的百分比，分析投资效果；③ 为了满足计划、统计、财务方面的需要。

为了进行设计方案的技术经济分析和积累技术经济资料，供以后设计、计划及编制概算需要，在编制综合概算时，必须计算技术经济指标。

综合概算表中第 9、10、11 栏是用来填写技术经济指标的。将各个单位工程概算的技术经济指标依次填入第 9、10、11 栏，同时还要计算综合概算的技术经济指标。综合概算的技术经济指标是该单项工程所有技术经济指标的集中表现。其计算方法是以适当的计量单位表示的数量，除综合概算价值。

2. 技术经济指标的确定

综合概算的技术经济指标所选用的计量单位，应能反映该单项工程的特点，具有代表性。一般采用下列单位计算。

（1）生产车间按产量为计量单位（如按年产量以 t 为计量单位）或按设备重量以 t 为计量单位。

（2）仓库及服务性质的工程，按建筑面积以 m^2 为计量单位。

（3）变电所以 kVA 为计量单位。

（4）锅炉房按锅炉蒸发量 t/h 为计量单位。

（5）煤气供应站按产量以 m^3/h 为计量单位。

（6）压缩空气站按产量以 m^3/min 为计量单位。

（7）输电线路按线路长度以 km 为计量单位。

（8）各种工业管道按管道长度以 m 为计量单位。

（9）室外电气照明以 kW 或按照明线路长度以 km 为计量单位。

（10）铁路按路长以 km 为计量单位，公路按路面以 m² 为计量单位或分等级按路长以 km 为计量单位。

（11）室外给水、排水管道按管道长度以 m 为计量单位。

（12）室外暖气管道以管道长度以 m 为计量单位。

（13）绿化按绿化面积以 m² 为计量单位。

（14）住宅、福利等各种房屋按建筑面积以 m² 为计量单位。

（15）其他各种专业工程可根据工程性质确定其计量单位。

综上所述，可见综合概算是以单项工程为对象编制的。但是，在一个联合企业中，包括了许多工厂，每个工厂又包括若干大车间，每个大车间又包括若干小车间。在这种情况下，如果按每个小车间编制综合概算，数量过多，手续太繁琐。因此可按每一个工厂或一个大车间编制综合概算，将小车间合并在所属大车间内。此外，与车间相连的生活间，可合并在该车间综合概算内。属于某车间的附属建筑物或构筑物，可合并在该车间的综合概算内。

5.8 总概算编制

5.8.1 总概算的作用

总概算是确定一个建设项目从筹建到竣工验收的全部建设费用的总文件，它是根据各个单项工程综合概算以及工程建设其他费用概算汇总编制而成的。总概算在基本建设中的作用主要有以下几点。

（1）总概算是编制基本建设计划的依据。计划部门或建设单位在编制基本建设计划时，根据已批准的总概算确定基本建设计划的投资额。计划部门在编制建设项目年度基本建设计划时，根据总概算控制建设项目总投资额。

（2）总概算是考核设计经济合理性的依据。总概算是初步设计文件的重要组成部分，它用货币指标反映了初步设计总概算价值。根据总概算价值及其各项技术经济指标，同类似工程相比，考核设计的经济合理性。

此外，总概算也是进行施工图设计的重要依据之一。根据施工图编制的预算，应控制在相应的概算价值以内。

（3）总概算是建设单位编制招标标底的依据。建设单位组织施工招标和设备、材料供应招标时，各招标项目的标底不能突破设计概算价值。

（4）总概算是办理工程贷款的依据和最高限额。建设银行根据已批准的总概算，控制建设项目的贷款，贷款的累计不能突破总概算。如果突破时，要查明原因，在未批准追加投资前，对其超出部分不得贷款。

（5）总概算是考核建设成本的依据。建设成本是建设单位在基本建设过程中，为形成新增固定资产所支付的各项费用的总和，即竣工决算表中投资的实际支出。将建设成本和总概算相对比，分析建设成本是高于总概算（超支），还是低于总概算（节约），进一步查明超支或节约的原因。

5.8.2　总概算的内容

总概算文件中一般应包括：编制说明、总概算表及其所属的综合概算表、单位工程概算表以及工程建设其他费用概算表等。

5.8.2.1　编制说明

1. 工程概况

说明工程建设地址、名称、产品、规模及厂外工程的主要情况等。

2. 编制依据

说明上级机关的指标和规定、设计文件、概算定额、概算指标、材料预算价格、设备预算价格及费用定额等各项编制依据。

3. 编制范围

说明包括了哪些工程和费用，未包括哪些工程和费用。

4. 编制方法

说明编制概算时，是采用概算定额，还是采用概算指标。

5. 投资分析

说明各项工程和费用占总投资的比例以及各项费用构成占总投资的比例，并且和设计任务书的控制数字相对比，分析其投资效果。

6. 主要设备和材料数量

说明主要机械设备、电气设备及建筑安装工程主要材料（钢材、木材、水泥等）的数量。

5.8.2.2　总概算表的内容

为了考核建设项目的投资效果，总概算表中的项目，按工程性质划分为两大部分。以工业建设为例，第一部分为工程费用，第二部分为工程建设其他费用。其中第一部分工程费用包括的工程项目有以下内容。

1. 主要生产工程项目

根据建设项目性质和设计要求来确定。例如：造纸厂主要生产项目有制浆车间、造纸车间、碱回收车间。钢铁厂主要生产项目有高炉、平炉、轧钢车间等。

2. 辅助生产工程项目

是为了维持正常生产修建的辅助生产项目，如机修车间、电修车间、木工车间、实验室等。

3. 公用设施工程项目

（1）给水排水工程。属于整个建设项目的给水排水系统，如泵房、冷却塔、水池及管道等。

（2）供电及电信工程。是属于整个建设项目的供电及电信系统，如全厂变电所、电话室、广播站及输电、电信线路等。

（3）供气工程。是属于整个建设项目的供气系统，如全厂锅炉房、供热站及其管道等。

（4）总图运输工程。如全厂码头、围墙、大门、公路、铁路、道路及运输车辆等。

4. 服务性工程项目

包括厂部办公室、消防车库、汽车库等。

5. 文化生活福利工程项目

包括宿舍、住宅、食堂、浴室、幼儿园、子弟学校等。

6. 厂外工程项目

包括厂外铁路专用线、供电线路、供水排水管道等。

在第一、二部分项目的费用合计后，列出预备费和建设期利息。在总概算表的末尾列出回收金额项目。

总概算中项目的多少，取决于建设项目的用途、性质、规模。若是工业建设则包括上述各个项目，而民用建设则没有生产过程，就可少建一些公用设施工程（例如变电站、空气压缩站、铁路专用线等）和少计算一些工程建设其他费用（例如生产职工培训费、联合试运转费等）。

新建项目是平地起家，包括上述各个项目。而扩建、改建、恢复工程，则是在原有建设工程的基础上进行建设，可充分利用一些原有工程。同时还可少计算一些其他费用（如建设单位管理费、生产职工培训费等）。

大型工程需要大量的原材料，要建设自己的原材料基地（矿山、矿井），同时为了生产需要，要比中、小型工程建设更多的辅助生产工程项目和公用设施项目。

在新开辟地区建设时，因为原有基础差，要比已经开辟地区多建设一些公用设施工程（如铁路专用线，公路、输电线路、厂外供水管道等）。

总概算表的内容同综合概算一样，为了符合计划、统计、财务三方面的需要及便于投资分析，还要按费用构成划分为：建筑工程费、安装工程费、设备购置费、工器具及生产家具购置费、其他费用。

5.8.3 总概算的编制方法

编制总概算，在设计单位内部有两种分工形式。一种是由各专业设计室设计人员提供设计文件，由概算专业人员编制整个总概算；另一种是由各专业设计室设计人员编制单位工程概算或单项工程综合概算，然后由概算专业人员汇总编制总概算和做投资分析。设计人员熟悉设计，在设计基础上再编概算较为方便，因此应推广第二种分工方式。

如果一个建设项目由几个设计单位共同设计时，由主体设计单位负责汇编总概算，其他设计单位负责编好所承担设计的工程概算。

5.8.3.1 编制总概算的准备工作

首先，由设计总负责人介绍该工程设计情况，然后根据设计说明、总平面图和全部工程项目一览表等资料，对建设项目的内容、性质、建设单位的要求作一般了解。在此基础上拟定编制总概算提纲，明确编制工作的主要内容、重点、编制步骤及审查方法。

其次，根据已经拟好的总概算编制提纲，广泛搜集基础资料，合理选用各项编制依据。

最后，编制或审查综合概算以及编制工程建设其他费用概算。

5.8.3.2 总概算的编制方法

总概算的编制方法，是根据建设项目内各个单项工程综合概算及其他费用概算等基础文件，采用原国家建委规定的表式进行编制的。现结合某造纸厂工程总概算实例（见表5-9）来说明总概算表的编制方法。

表 5-9 　　　　　　　　　　　总 概 算 表

建设项目：某造纸厂　　　　　　　　　　　　　　　　　　　　　总概算价值：3081.70 万元

序号	工程或费用名称	概算价值/万元						技术经济指标			占投资额（%）
		建筑工程费	设备购置费	安装工程费	工、器具生产家具购置费	其他费用	合计	单位	数量	指标	
1	2	3	4	5	6	7	8	9	10	11	12
	第一部分工程费用										
	一、主要生产工程项目										
1	制浆车间	136.92	382.94	72.64			592.50	t	13 200	448.86	
2	造纸车间	95.75	469.97	43.52			609.24	t	11 550	527.48	
3	碱回收车间	61.12	329.00	69.20			459.32	t	11 550	397.68	
	小计	293.79	1181.91	185.36			1661.06				53.9
	二、辅助生产工程项目										
1	维修车间	292.36	7.99	4.38			304.73				
2	空压站	1.03	13.45	1.07			15.55	m³/min	7	22 214.29	
3	综合仓库	46.20					46.20	m²	2678	172.52	
4	成品仓库	7.74					7.74	m²	540	143.33	
5	建材仓库	0.99					0.99				
6	危险品仓库	0.99					0.99				
7	气液库	0.99					0.99				
	小计	350.30	21.44	5.45			377.19				12.2
...	......										
	七、厂外工程项目										
1	厂外供电线路	20.00		17.00			37.00	m	5000	34.00	
2	厂外公路	20.00					20.00				
3	码头	40.00		17.00			57.00				
	小计	80.00		34.00			114.00				3.7
	第一部分工程费用合计	782.30	1443.04	305.21			2530.55				82.1
	第二部分其他费用										

序号	工程或费用名称	概算价值/万元						技术经济指标			占投资额（%）
		建筑工程费	设备购置费	安装工程费	工、器具生产家具购置费	其他费用	合计	单位	数量	指标	
1	征用土地费					97.80	97.80				
2	砍伐树木补偿费					0.04	0.04				
3	建设单位管理费					25.31	25.31				
4	勘察设计费					45.55	45.55				
5	生产职工培训费					79.63	79.63				
6	供电贴费					45.00	45.00				
7	办公和生活用家具购置费					15.11	15.11				
8	工器具及生产家具购置费				14.43		14.43				
	第二部分其他费用合计				14.43	308.44	322.87			2656.64	10.5
	第一、二部分费用总计	782.30	1443.04	305.21	14.43	308.44	2853.42				92.6
	预备费						122.27				4.0
	建设期利息						106				3.4
	概算价值	782.30	1443.04	305.21	14.43	536.72	3081.70		11 600		100
	投资比例	25	47	10	1	17	100				

1. 表头

填写建设项目名称，总概算价值。

2. 表内各栏填写内容

（1）根据上述总概算表的项目组成依次填入第2栏。

（2）将各个单项工程概算及其他费用概算价值，按其性质分别填入第3栏至第7栏。

（3）将每项第3栏至第7栏和填入第8栏。

（4）按各栏分别汇总，求出各工程和费用的小计、合计及第一二部分总计。

（5）按照有关规定计算预备费。

（6）计算回收金额（内容详见回收金额计算方法）。

（7）计算技术经济指标。总概算表的第9、10、11栏，根据单项工程综合概算的技术经济指标填写。在总概算表中还要计算总概算的技术经济指标。该指标是以整个建设项目为对象，选择有代表性的，最能说明投资效果的计量单位计算。工业建设以单位产品投资多少元来表示，民用建设以每平方米投资多少元、医院以每个床位投资多少元、影院以每个座席投资多少元来表示。总概算表中的技术经济指标除了反映整个建设项目、各个单项工程设计的经济合理性以外，还可以用来编制类似工程概算和编制基本建设计划。因此，应该做好总概算表的技术经济指标的积累工作，将质量好的设计和概算资料收集起来，并且进行分析、研究，汇编出合理的技术经济指标，满足计划、设计、预算等各方面的需要。

（8）投资分析。在编制总概算时，为了对基本建设投资进行分析，应在总概算表第12栏计算出各项工程和费用投资占总投资的比例，在表的末尾计算出每项费用的投资占总投资的比例。

5.8.3.3　回收金额的计算方法

回收金额是指在施工过程及竣工后可以回收的金额。回收金额的内容很多，现将常见的几种回收金额计算方法介绍如下：

1. 临时房屋及构筑物的回收金额

一般说来临时房屋、构筑物的回收金额是其残值。残值是指房屋、构筑物经过施工使用后残余的价值，按下列四种情况计算。

（1）临时房屋、构筑物在全部建设竣工后须拆除的，残值按拆除所得材料变价收入减去拆除费计算。计算公式为：

残值 = 原价 × 材料占原价百分率 × 材料使用折扣率 × 拆下的材料的价格折扣率 − 拆除费

（2）临时房屋、构筑物在全部建设竣工后，移交其他部门使用者，其残值按房屋原价扣除折旧费计算。

（3）临时房屋、构筑物在全部建设竣工后移交建设单位使用者，因其转为新建企业的固定资产，不计算残值。

（4）临时房屋、构筑物在全部建设竣工后不能移交使用或拆除也无残值者（如工作棚等）不计算残值。

2. 施工过程中获得材料的回收金额

（1）在建设场地上，将建设单位原有房屋、构筑物拆除，经过拆除和清理后，尚有一部分残值，需要计算回收金额。回收金额等于残值减去拆除费。其中残值按占新建价值的百分比计算，拆除费按占残值的百分比计算。

金属结构经拆卸后不能使用者，其拆卸费按占新金属结构安装费的百分比（约5%）计算，其材料回收金额根据废钢价格计算；如果经拆卸后还能使用者，其拆除费按占新金属结构的安装费的百分比（75%）计算，其材料回收金额根据具体情况按占新金属结构的百分比计算。

（2）砍伐树木，挖掘树根的回收金额，按照其变价收入减去砍伐挖掘费用计算。

3. 进行建设工程时所获得的副产品（矿产、建筑材料）回收金额

在进行矿山基础建设时，往往获得一些矿产收入（如煤）；在进行平整场地或挖掘地坑时，也会有些建筑材料（碎石、砂、黏土等）收入。这些材料可供在建工程使用，也可出售变卖，要计算回收金额。回收金额根据地质勘察资料的有关规定进行计算，应扣除销售费用。

思 考 题

1. 建筑工程费用包括哪些内容？

2. 设备安装工程费包括哪些内容？

3. 概算文件由哪几部分组成？

4. 建筑工程概算表有哪些表？

5. 什么是建筑面积？

6. 什么是使用面积？

7. 什么是辅助面积？

8. 什么是结构面积？

9. 工程量计算时按计算顺序分哪几种方法？

10. 工程量计算表应注意哪些事项？

11. 详细叙述建筑工程概算编制步骤。

第6章

工程造价的管理与审查

6.1 工程造价的管理

工程造价的管理，涉及到很广泛的内容，这里仅就工程造价的编制单位、审批单位，以及工程造价的管理机构作简单介绍。

6.1.1 工程造价的编制单位

从广义上看，工程造价的编制应该包括项目投资估算、设计概算、施工图预算、招标标底和投标报价的编制。这些造价文件由不同的单位来编制。

1. 投资估算的编制单位

在建设项目的前期准备阶段，要进行项目的可行性研究，以确定该项目是否应该立项，是否应该进行建设。为了进行可行性研究，必须编制项目投资估算。投资估算应该由投资单位委托的进行项目可行性研究的咨询机构或设计单位来编制。

2. 设计概算和施工图预算的编制单位

为了对建设项目的设计方案作技术经济分析，也为了及时向投资单位提供建设项目所需要投资额的有关资料，初步设计阶段必须编制建设项目设计概算，施工图设计阶段必须编制施工图预算。设计概算和施工图预算应由投资单位委托的进行建设项目设计的设计单位在项目设计过程中编制。

3. 招标标底和投标报价的编制单位

为了利用招投标方式来确定建设项目的承发包关系，必须编制招标项目的招标标底和投标报价。建设项目的招标标底应以设计单位编制的初步设计概算（或修正概算）或施工图预算为基础，结合建筑市场供求状况，由投资单位负责确定。招标项目的投标报价，应该由参与项目投标的建筑安装企业在国家发布的各类计价依据的指导下根据招标文件规定的内容和要求来确定。

6.1.2 工程造价的审批单位

1. 投资估算的审批单位

投资估算在报批前应经有资信的工程咨询单位进行评估。工程咨询单位在按照设计任务书规定的内容和深度，对建设项目进行技术效益评价的同时，必须对该项目造价的完整性、准确性以及项目所需投资的筹措、落实情况做出全面、公正的评价，并对评价的质量负责。

投资估算是可行性研究报告和设计任务书的重要组成部分。投资估算由负责可行性研究报告和设计任务审批的部门或单位负责审批。对于漏项少算、投资留有缺口或高估多算的投资估算均不得批准。

2. 设计概预算的审批单位

建设项目设计概预算是建设项目设计文件不可分割的组成部分。投资单位在报批建设项目的初步设计时，应同时报批初步设计概算；在报批建设项目的技术设计时，应同时报批技术设计修正概算。建设项目的初步设计概算和技术设计修正概算，由负责设计审批的部门或单位负责审批。在实际工作中应执行国家关于设计文件审批权限分工的有关规定。

对施工图预算，由建设单位组织设计、施工、建设银行等单位审定。

3. 项目招标的标底和投标报价的审批单位

建设项目实行招标承包制，是对建设项目的造价进行市场调节的一种方式。一般说，其招标标底应该由投资单位审定，投标报价由参与投标的建筑安装企业自行确定。

为了加强对建设项目造价的计划管理，项目招标的标底，还应经负责建设项目招标管理的主管部门（例如当地的招标办公室）审批；对不合理的标底，有关行政主管部门有权进行干预。

6.1.3 概预算的执行与纠纷的仲裁

6.1.3.1 概预算的执行

概预算的执行，应贯穿于项目建设的全过程，使之成为对建设项目的工程造价实行动态管理。

1. 投资估算的执行

投资估算一经批准，即为建设项目计划投资额，在国家规定的幅度范围内不得任意突破。设计单位在进行项目设计时，应该推行限额设计，将初步设计概算严格地控制在建设项目计划投资额规定的范围内。初步设计概算突破项目投资估算额 10% 的，应修改设计或报请原设计任务书批准部门重新决策；如果未超过 10% 的，其超出部分应由有关部门增加投资或自筹等办法解决，不得留缺口。

2. 初步设计概算的执行

初步设计概算一经批准，即为建设项目最高投资限额，不得任意突破。

设计单位在进行施工图设计时，应按照批准的初步设计及初步设计概算规定的最高投资限额控制施工图设计及预算。

建设项目总承包合同（协议）价，如必须突破最高投资限额的，必须按照初步设计审批权限重新报经原初步设计审批部门或单位批准，否则为无效合同。

3. 施工图预算的执行

经过审批的施工图预算，即为建筑安装工程的计划价格，应该作为投资单位和建筑安装企业确定建筑安装工程承包合同价的基础。

施工过程中，承发包双方应根据承包合同的有关规定，按工程进度办理工程价款结算。

工程价款的拨付达到规定限额时，应留足尾工款，待工程竣工后，由合同双方办理竣工结算，清理应付工程款项。

6.1.3.2　纠纷的仲裁

所谓纠纷，主要是指签订建筑安装工程承包合同的双方在执行合同的过程中发生的纠纷。合同双方发生纠纷，首先应该由双方协商解决，如经协商无法取得一致意见，可由项目经办银行或有关部门从中调解，如协商和调解无效，应提请当地主管建设的行政部门做出仲裁，如不服仲裁，可向当地法院提出申诉，由法院依法做出判决。

6.1.4　工程造价的管理机构

为了加强对建设项目的造价管理，必须从中央到地方建立一整套管理机构。

6.1.4.1　国家主要部门

国家主管建设的行政管理部门是建设部，在建设部内设有负责工程造价管理的专职机构。该机构负责全国性的工程造价工作的全面管理，其职责应包括：制定有关工程造价管理的规章、规定；制定工程造价各类计价依据的制订、修订工作计划；制定工程造价各类计价及依据的统一性规定及管理办法；监督、检查和协调各部门、各地区的工程造价管理工作。

6.1.4.2　国务院各部门的主管机构

国务院各部门应设立主管工程建设的专职机构，一般为该部门的工程建设司，工程建设司下设工程造价管理处或定额管理站，负责管理本部门的工程造价工作。其职责应包括：在本部门监督实施国家的有关工程造价管理的规章、规定；按照国家主管部门的统一部署，根据国家关于工程造价各类计价依据的统一规定和管理办法，制定本部门的专业定额和其他有关计价依据；收集、整理、发布用于本部门的工程造价信息；监督、检查、协调本部门的工程造价管理工作。

6.1.4.3　地方各级政府的主管机构

地方各级政府应设立主管工程建设的专职机构，一般为各级地方政府的工程建设委员会。建委下设工程造价管理处或定额管理站，负责管理本地区工程造价工作，其职责应包括：在本地区监督实施国家有关工程造价管理的规章、规定；按照国家主管部门的统一部署，根据国家关于工程造价各类计价依据的统一规定和管理办法，制定本地区的地区统一定额和其他有关计价依据；收集、整理、发布用于本地区的工程造价信息；监督、检查、协调本地区的工程造价管理工作。

6.1.4.4　建设项目经办银行的主管机构

根据我国国家银行的专业分工，中国人民建设银行是负责经办工程建设投资的国家专业银行。经办投资项目的专业银行，应设立主管概预算工作的专职机构，一般是设立建设经济处或工程概预算审查中心，负责在本银行开户的各建设项目的概预算管理工作。该专职机构的职责应包括：在本银行系统内实施国家或其授权机关颁布的有关工程造价管理的规章、规定和各类计价依据；协同国务院各部门和地方各级政府的主管机构做好工程造价的管理工作。

6.1.4.5　基层单位的主管机构

与建设项目有关各基层单位，均应设立主管造价工作的专职机构，负责贯彻执行国家及其授权机关颁布的有关工程造价管理的规章、规定和各类计价依据，收集工程造价信息，并做好本单位的概预算工作。

153

1. 工程咨询单位和设计单位

应设立造价工作部门，负责编制项目的投资估算、设计概算和施工图预算文件，与工程技术人员相配合，共同做好建设项目的可行性研究和设计工作。

2. 建筑安装企业

一般在经营部门下设专管工程预算的科室，负责参与招标项目的投标工作，与建设单位签订工程承包合同，并办理工程价款的结算业务。

3. 建设单位

常年有建设任务的建设单位，应设立基建处，并在基建处下设主管工程预算的科室，负责参与建设项目的招标工作，确定工程的招标标底，审查建筑安装企业提出的投标报价，择优选择中标单位，或组织有关单位审查施工图预算，确定建筑安装工程承包合同价，签订工程合同，并办理工程价款的结算业务。

6.2　工程造价的审查

工程造价的审查，是建设项目造价管理的一个重要组成部分。建设项目造价的审查包括从项目投资估算、项目设计概预算到项目招投标的标底和报价的全过程的审查。建设项目概预算审查包括初步设计概算和施工图预算的审查，尤其是指建筑安装工程施工图预算的审查。本节主要介绍建设项目概预算审查的组织形式、审查方法及内容。

6.2.1　审查建设项目概预算的意义

6.2.1.1　审查建设项目概预算是客观经济规律的要求

社会主义市场经济，要求我们按价值规律办事，合理地确定基建产品的价格。当前，基建产品的价格是采用单独编制建设项目概预算的办法来确定。建设项目概预算是计算基建产品价格的文件。审查批准建设项目概预算的过程，实质上是确定基建产品计划价格的过程。为了合理地确定基建产品的价格，认真审查建设项目概预算就成了一个不可缺少的环节。

6.2.1.2　审查建设项目概预算是提高建设项目概预算编制质量的要求

当前，建设项目概预算文件编制中还存在不少问题，主要表现在以下几个方面。

（1）由于预算人员业务不熟，在编制过程中计算错误较多。

（2）由于科技水平的迅速发展，需要编制补充预算定额和补充估价表的情况增多，这些补充的基础资料缺乏可靠数据，准确性差。为了提高建设项目概预算文件的编制质量，必须加强建设项目概预算的审查。

6.2.1.3　审查建设项目概预算是落实投资计划、节约建设资金的要求

初步设计概算确定的建设项目总造价，是国家对该项目的最高投资限额。概算造价准确与否，关系到国家投资计划是否落实。在当前，由于编制概算的有些基础资料陈旧过时，或者由于为了能将项目列入国家投资计划而有意低估概算造价，致使概算造价偏低，不能控制预算造价的现象严重存在。这样就使国家投资计划在编制时留有缺口，不能落实，严重影响了固定资产投资活动的有计划进行。

施工图预算确定的建设项目总造价，是基本建设产品的计划价格，起着控制建设资金

实际支出的作用。由于施工图预算编制不准，漏列少算的情况时有发生，但更多的情况下是高估冒算，这样就增加了国家建设资金的支出，浪费了国家有限的建设资金。

为了落实投资计划，节约建设资金，必须加强建设项目概预算的审查。

6.2.1.4 审查建设项目概预算是推行招标投标、投资包干制度的要求

目前在我国推行的招标投标制度，是在计划价格指导下进行的。经过审查的项目设计概预算文件应该成为确定招标标底的基础。参与投标的施工企业，也必须先编制和审查施工图预算才能据以确定投标报价。因此，推行招标投标，不能代替建设项目概预算工作，恰恰相反，为了更好地组织招标投标，必须认真编制和审查建设项目概预算文件，做好确定标底的工作。

各种投资包干责任制，例如概算造价包干、平米造价包干、住宅建筑小区造价包干等等，都离不开建设项目概预算工作。只有做好了概预算编审工作，才能正确地确定包干的标准，既要防止标准偏低损害承包者的利益，又要防止标准偏高损害投资者的利益。

由此可见，要推行招标投标、投资包干制度，必须做好建设项目概预算审查。

综上所述，审查建设项目概预算，绝不是可有可无，而是一项必须大力加强的工作。

6.2.2 建设项目概预算审查的组织形式

概预算审查的组织形式，依概预算的编制过程、编制单位和定价方法的不同而异。项目投资估算和初设概算由编制单位自审后提交给可行性研究报告和初步设计的审批单位审查，审批单位在审查中应吸收建设单位和编制单位参加。施工图预算由编制单位自审后提交给建设单位。如项目实行招标投标，施工图预算由建设单位负责审查，并吸收编制单位参加，据以确定招标标底。如项目以施工图预算为基础实行协议定价，建设单位应组织编制单位、施工企业共同审查，据以确定协议（合同）价。当对住宅建设工程实行平方米造价包干时，预算审查在确定包干价格标准时由价格标准审批单位组织进行。

在上述各种情况下，建设项目开户的国家专业银行为了加强对建设项目的管理，必须积极参与建设项目概预算的审查，尤其是施工图预算的审查。

建设项目概预算审查的组织形式有以下几种。

（1）单独审查。负责建设项目概预算审查的单位，收到编制单位提交的概预算文件，可指定专人单独审查，随后再与有关单位联合评议定案。这种方法，简单灵活，适用性强。

（2）联合审查。由主管部门组织有关单位组成审查小组，共同进行审查。采用这种方法，各方面能随时交换意见，进展较快，但各方面的人员不易召集，只适用于重点工程项目。

（3）预算审查机构审查。有的地方成立固定的预算审查机构，由各方面的代表组成，专门进行预算审查工作。

6.2.3 建设项目概预算审查方法

根据工程性质、编制质量以及审查能力的大小，建设项目概预算审查可采用不同的方法。审查方法一般有以下三种。

（1）简单审查。指简单地从工程预算单价和取费标准两方面进行审查。这种方法比

较粗略，适用于历来编制质量较好、信誉较高的编制单位所编的预算文件，或者在审查任务很重、审查力量不足时使用。

（2）全面审查。指从工程量计算、工程预算单价选套和取费标准运用等方面进行审查，逐项核对计算结果。这种方法容易发现问题，但费工费时，适用于重大工程项目的预算文件，或适用于编制质量较差、信誉较低的编制单位所编的预算文件。

（3）重点审查。利用技术经济指标进行审查。为了加快审查速度，可以只对问题较大的部分进行审查。需要审查的部分，可以采用技术经济指标进行筛选。例如，对不同类型的工程，选用平米造价指标或单位生产能力造价指标进行第一轮筛选，如不超出规定的标准，就进行简单审查。在筛选中如超出规定的范围，再对各个分部工程造价比重用积累的经验数据进行第二轮筛选，不超出经验数据范围的分部工程就不再审工程量。对超出范围的分部工程，再采用每平方米建筑面积分项工程量经验数据进行第三轮筛选，对其中工程量超出有关规定的分项工程，再重点进行工程量计算的审查。这种挑选重点问题进行审查的方法，也称为筛选法。经过几次筛选来发现概预算中的问题，可以加快审查速度。但在推广前需要先大量积累经验数据。

6.2.4 建设项目概预算审查的内容

一个典型的完整的建设项目，其工程造价由建筑安装工程费用、设备工器具购置费和工程建设其他费用三大部分组成。建设项目概预算的审查，也包括这三个方面的内容。

6.2.4.1 建筑安装工程费用的审查

建筑安装工程费用，通过编制单位工程预算来确定。对建筑安装工程费用的审查，也就是对各单位工程预算的审查，这是施工图预算审查的重点。

建筑安装工程费用是由直接费、间接费、利润和税金四部分组成。直接费又是由直接工程费和措施费组成。其中，直接工程费占建筑安装工程费用的比重最大，计算过程也较为复杂。因此，对直接工程费的审查，是建筑安装工程费用审查的重点。

1. 直接工程费的审查

建筑安装工程的直接工程费是由各分项工程的工程量和相应的工程预算单价两个因素确定。其中，工程量的计算较为困难，也容易出错。对工程量计算的审查，是直接费审查的重点。

（1）工程量计算的审查。在编制单位工程预算时，各分项工程量的计算是依据施工图纸所示的尺寸和工程量计算规则的有关规定进行的。对工程量计算的审查，也要着重从这两方面进行。

1）审查工程量计算中运用的数据是否和图示尺寸相符。这就需要先熟悉图纸，在此基础上，逐一核对工程量计算底稿中所用的数据，尤其要注意对工程量计算的全局有重大影响的数据，以及价值量较大的分项工程所用的数据。例如，三线一面数据及门窗统计表、混凝土构件统计表，对工程量计算影响很大，一定要认真核对。

2）审查工程量计算中运用的数据是否符合工程量计算规则的规定。工程量计算中运用的数据，不仅要和图示尺寸相符，而且要符合工程量计算规则的规定。各个分部工程的工程量计算规则，对各分项工程的计算作了具体的规定。在工程量计算中，一定要按规定执行。对工程量计算规则中规定不明确的或容易引起争议的条文，各地一般都有补充解释。在审查工程量计算时，应熟悉工程量计算规则以及当地的补充解释，才能发现计算中的问题。

目前，一般土建工程的预算定额由各省、自治区、直辖市编制，各地有关工程量计算的规则也不尽一致。一般地说，在审查时应着重注意以下问题。

① 土石方工程。对土石方工程量计算，应注意各分项工程互相划分的界限，有无混淆和重复计算的。

在计算地槽挖土时，应注意地槽长度、工作面、放坡系数以及支挡土板加算宽度是否符合规定。

回填土数量计算是否正确，运土数量是否符合挖填情况，是否符合施工组织设计规定。在计算石方工程时，应注意允许超挖量是否符合规定。

② 打桩工程。计算打预制桩体积时，要注意桩长及桩截面面积是否符合设计要求，需要接桩的，要注意审查接头数量。

在计算出预制桩的图示体积后，要注意按定额规定加算制作、运输和打桩的损耗量。

计算现场灌注桩体积，应注意桩长的加算长度及截面面积是否符合规定。

③ 砖石工程。审查时要特别注意基础和墙身的分界是否符合规定。

在计算墙体工程量时，应注意墙长、墙高和墙厚的确定是否符合规定，是否扣除了按规定应扣除部分的体积。

各楼层主体砌筑用的砂浆标号不同时，是否分别计算工程量。

④ 脚手架工程。综合脚手架的工程量计算，是否符合建筑面积计算规则的要求。满堂脚手架的计算，应注意审查是否符合计取条件，是否按室内地面净面积计算。

⑤ 混凝土及钢筋混凝土工程。计算现浇混凝土构件工程量，应注意各构件的界限划分是否符合规定。

预制混凝土构件，在计算构件图示体积之后，应注意是否按规定加算制作、运输、安装的损耗量。

应注意混凝土标号和骨料粒径不同的构件，其工程量是否分别计算了。

计取蒸汽养护费的构件，应注意审查是否符合计取条件和计取标准。

钢筋混凝土工程中的钢筋含量，应注意是否按图示尺寸计算，长度折合重量是否准确。

⑥ 木结构工程。审查时应注意门窗工程是否按门窗种类分别计算。

各种木装修和木结构的计算，应注意审查是否符合定额规定的要求。

⑦ 楼地面工程。审查时应注意楼地面面层计算中是否按规定扣除了应扣除的面积；套用包括踢脚线因素的各整体面层定额时，应注意是否重复计算踢脚线工程量。

在计算地面垫层时，应注意是否扣减了地沟等所占的面积，基础垫层是否按实铺体积计算。

⑧ 屋面工程。审查时应注意保温层的平均厚度和体积计算是否正确。

计算斜层面的工程量时，应注意所选用的坡度系数是否正确。

计算卷材屋面工程量时，对平屋面的女儿墙、伸缩缝、天窗等处弯起部分工程量的计算，是否符合设计和定额的规定。

⑨ 装饰工程。审查时应注意室内外墙面抹灰的长度、高度计算是否符合定额规定，是否按规定加算或扣除部分面积。

局部抹灰的工程量计算，是否符合设计和定额规定。

计算油漆工程量时，应注意选用的工程量系数是否符合定额规定。

⑩ 金属结构工程。金属结构工程量计算应符合工程量计算规则的要求，制作损耗、电焊条和螺栓的重量已包括在定额中，不得重复计算。

总之，工程量计算规则中有具体规定的地方，在审查中都要注意，防止漏算或多算。在审查过程中，对容易出现计算错误的分项工程，要注意积累资料，供日后审查时参考。

给排水、采暖、电气照明及设备安装工程的预算审查，也要根据施工图纸和工程量计算规则的要求，注意工程量计算的审查。

（2）工程预算单价的审查。采用地区统一单位估价表编制预算时，对工程预算单价本身不必审查，但采用补充单位估价表时，应注意其编制依据是否合理，计算是否准确。补充预算定额及相应的补充单位估价表，是工程预算单价审查的重点之一。

对采用地区统一单位估价表编制的预算书，对工程预算单价的审查，主要是审查单价的选套和单价的换算。

1）审查单价的选套是否和设计要求相符。选套单价，应根据设计要求和施工组织设计等资料"对号入座"，防止错套和高套。例如，人工挖地槽，按不同的土壤类别和挖土深度规定有不同的单价，应注意选用的单价是否和地质资料、图示尺寸相符。又例如，基础梁和基础圈梁，仅一字之差，是完全不同的定额，其单价也相差很大，要注意防止将基础圈梁高套基础梁。在水暖电工程预算审查中，要特别注意不同的材质、不同的规格、不同的型号应选套不同的单价，不能错套，也不能高套。

选套单价的审查，还要注意防止重复选套单价和遗漏选套单价。为了做到这一点，必须熟悉定额的文字说明和包括的工程内容。对于单价中已包括的内容，不能再另行选套单价。例如，预算定额规定：卷材屋面均包括冷底子油一遍，如设计中要求卷材屋面下刷冷底子油一遍，那么，在选套了相应的卷材屋面单价后，就不能再选套冷底子油单价。对于单价中未包括的内容，必须按定额规定另行选套单价，防止漏项。例如，预算定额规定，木门窗制作安装定额项目未包括木材的半成品运输，在选套了木门窗制作安装定额之后，必须按半成品的运输里程、运输方式和门窗框和窗扇的外围面积计取半成品的运输费用。

2）审查单价的换算是否和定额规定相符。为了简化定额的表现形式，扩大定额的适用范围，定额中对一些设计中变化较多的分项工程，作了允许换算的规定。在审查工程预算单价时，对单价作了换算的分项工程，要注意审查单价的换算是否和定额规定相符。一方面，要注意定额是否允许换算。凡定额规定不允许换算的，一律不得强调条件特殊擅自换算。另一方面，要注意换算的计算方法是否正确。定额中规定了几种类型的换算方法，为了审查单价的换算，必须熟悉掌握每一种类型的换算方法。对于因材料半成品规格品种引起的换算，要注意换出和换入的材料半成品单价是否符合定额规定的设计要求。对于利用系数进行的换算，要注意所选用的系数以及按系数调整的工料机价值是否和定额规定相符。

2. 措施费的审查

按现行预算编制方法的规定，在根据预算定额和单位估价表计算了直接工程费之后，应计算环境保护费、文明施工费、安全施工费、临时设施费、夜间施工增加费、二次搬运费、大型机械设备进出场及安拆费、混凝土、钢筋混凝土模板及支架费、脚手架费、已完工程及设备保护费和施工排水降水费等各项措施费。

这些措施费，是按直接工程费的一定百分比计算，或者是按施工中实际发生的情况单独计算。在审查时，要注意其计算方法是否符合有关规定。

3. 间接费的审查

间接费由规费和企业管理费组成。建筑安装工程的间接费，由费用的计算基础和费用标准两个因素确定。审查间接费时，应从这两个方面着手。

（1）计算基础的审查。按现行规定，建筑工程以直接费为计算基础，个别地区以人工费加机械费或以人工费为计算基础；安装工程以人工费为计算基础。审查时应注意计算基础是否准确。

（2）费用标准的审查。间接费定额与直接费定额配套使用，执行什么直接费定额就采用相应的间接费定额。间接费的费用标准，各地区、各部门的规定是不统一的，要按本地区、本部门的有关规定执行，选择适当的费率。

在费用标准的审查中，要注意下列几点：

1）在按工程类别划分费用标准时，要注意审查工程的类别，防止类别低的工程选择套用类别高的工程的费率。

2）在按承包方式划分费用标准时，要注意审查工程的承包方式，防止包工不包料的工程选择套用包工包料的工程费率。

3）在按施工地区划分费用标准时，要注意审查地区类别，防止地区类别低的工程选择套用地区类别高的工程的费率，也要防止在市区施工的工程选套在郊区施工的工程费率。

4）在按工程内容划分费用标准时，要注意审查工程的内容，防止大型人工土石方工程选套一般土建工程的费率。

4. 企业利润的审查

按现行规定，企业利润通常以直接费与间接费之和为基础计取或以人工费为基础计取。对不同工程内容的项目，各地规定了不同的计算基础和企业利润率。审查企业利润的计算，应从计算基础和企业利润率两方面着手。一方面，要注意选择正确的计算基础，不能混淆，也要防止遗漏；另一方面，要按不同的工程选择不同的企业利润率，不能就高不就低。有关部门明文规定不能计取企业利润的企业，应按规定执行。

5. 税金的审查

计入建筑安装工程费用的税金，在编制预算时，以不含税的工程造价扣除不计税的各项费用为基础计取。建筑企业所在地不同，计取税金时所用的计税标准也不同。因此，审查税金的计算，也应从计算基础和计税标准两方面着手。一方面要注意审查计算基础。既要注意不含税工程造价是否有遗漏，又要注意是否扣除了临时设施费、劳保支出费用等不计税的部分。另一方面要注意审查计税标准。既要注意计税标准的计算是否准确，又要注意所在地不同的建筑企业是否采用了相应的计税标准。

6.2.4.2 设备及工器具购置费的审查

设备及工器具购置费，是投资项目概预算造价的重要组成部分。尤其是现代工业项目，设备购置费占总造价的比重很大。加强对设备及工器具购置费的审查，可以有效地控制工程造价。

设备及工器具购置费，由设备及工器具的数量和相应的预算价格两个因素确定。设备工器具购置费的审查，应从这两方面着手。

1. 设备及工器具数量的审查

要将设计文件中的设备数量清单和工艺流程设计图认真核对，审查设备、工器具购置的数量是否和设计要求相一致，防止出现计划外多购置设备的情况，以免积压，浪费资金。

2. 设备及工器具预算价格的审查

设备预算价格由设备原价和运杂费两部分组成。其中，以设备原价为审查重点。

（1）设备原价的审查。设备分为标准设备和非标准设备，这两类设备的原价确定方法不同，审查的方法也不同。

1）标准设备原价审查。应与主管部门规定的出厂价格相核对，注意型号、规格是否相符。

2）非标准设备原价的审查。非标准设备的估价是设备原价审查的重点。要注意其单独估价的依据是否合理，计算是否准确。

（2）设备运杂费的审查。设备运杂费的计算，是以设备原价乘运杂费率。审查时应注意选用的费率是否合适。工器具预算价格的审查，与设备预算价格的审查基本相同。

6.2.4.3 工程建设其他费用的审查

工程建设其他费用的项目很多，这些项目大多数具有计算方法简单、政策性很强的特点。工程建设其他费用的审查，应按国家主管部门关于工程建设其他费用项目划分规定办理。

首先，要注意列入工程建设其他费用的项目是否应该计列。为防止向建设单位乱摊派乱收费，凡是没有计取依据的费用，一律不得列入。

其次，要注意计算办法是否恰当。凡应计取的费用，要按各省、自治区、直辖市和国务院有关部门编制的费用定额计列。应注意从计算基础和费用标准两方面进行审核。例如，土地、青苗等补偿费和安置补偿费，一方面要注意审查征用土地的数量是否合理，是否有多征土地的情况，另一方面要注意审查土地征用标准是否符合各地的《国家建设征用土地条例》实施细则的有关规定。又例如，建设单位管理费，如采用以单项工程费用总和为基础乘以建设单位管理费率计算时，应注意审查单项工程费用是否准确，选用管理费率是否和工程项目的规模相符。

思 考 题

1. 工程造价主要由哪些部门编制？

2. 工程造价的管理机构主要有哪些部门？

3. 工程造价主要由哪些部门审查?
4. 为什么要审查工程造价?
5. 建设项目概预算审查的组织形式有哪几种?
6. 建设项目概预算审查的方法有哪几种?
7. 建设项目概预算审查的主要内容是什么?
8. 直接费的审查重点是什么?

第7章

工程实例

由于水利水电工程概算编制比较复杂，涉及的影响因素比较多，只要掌握了水利水电工程概算的编制方法，则水利水电工程的预算、招标标底、投标报价的编制则迎刃而解；只要能编制水利水电工程概算，则公路工程，房屋建筑工程的概算编制不会有困难。因此，以某县县城防洪工程为例，给出工程概算实例，以便参考学习。

7.1 工程概况

某县城防洪工程由防洪堤和排水涵洞组成。其中黄河右岸防洪堤长 3082m，排水涵洞 6 座；孤山川左岸防洪堤长 2163m，排水涵洞 3 座。主要工程量有：土石方开挖 65.87 万 m^3，土石方回填 42.95 万 m^3，铁丝笼块石（抛石）7.15 万 m^3，混凝土工程 0.47 万 m^3。主体工程主要材料用量：水泥 58.24 万 t，钢筋 163.07t。人工用量 253.88 万工时。施工工期为 24 个月。

7.2 编制原则和依据

根据水利部水总〔2014〕429 号文颁发的《水利工程设计概（估）算编制规定》编制该县城防洪堤工程初步设计概算。

7.3 工程量清单

7.3.1 建筑工程

1. 孤山川左岸河堤工程

表 7-1　　　　　　　　　　　孤山川左岸河堤工程工程量清单

序号	工程名称	单位	数量	备注
1	土方开挖（含清运）	m^3	34 273	运距 1km
2	堤背填土（含挖运）	m^3	202 303	运距 1km
3	黏土斜墙铺筑（含挖运）	m^3	81 407	运距 1km
4	干砌块石护坡	m^3	19 515	
5	浆砌块石	m^3	16 294	

序号	工程名称	单位	数量	备注
6	C20 混凝土格栅	m³	2410	
7	钢丝笼块石	m³	42 269	
8	砂砾石垫层（含挖运）	m³	84 897	运距 1km
9	干砌石护基	m³	62 583	
10	钢筋制作安装	t	89	
11	钢模板	m³	16 067	
12	斗车运混凝土	m³	2410	运距 1km
13	一般石方开挖	m³	3000	
14	伸缩缝	m²	405	
15	砂浆运输	m³	5189	运距 1km
16	石料运输	m³	119 802	运距 1km

2. 孤山川河堤涵洞工程

表 7-2　　　　　　　　孤山川河堤涵洞工程工程量清单

序号	工程名称	单位	数量	备注
1	C20 混凝土底板	m³	85	
2	C20 混凝土涵洞	m³	139	
3	C20 混凝土溢流面	m³	18	
4	C20 混凝土挡墙	m³	79	
5	C20 混凝土格栅	m³	29	
6	C20 混凝土门槽	m³	52	
7	碎石垫层	m³	376	
8	浆砌块石	m³	596	
9	钢丝笼块石	m³	46	
10	干砌块石	m³	338	
11	土方开挖（含清运）	m³	2834	运距 1km
12	土方回填（含挖运）	m³	1298	运距 2km
13	砂砾料垫层（含挖运）	m³	124	运距 1km
14	黏土斜墙铺筑（含挖运）	m³	176	运距 4km
15	钢筋制作安装	t	9	
16	钢模板	m²	272	
17	斗车运混凝土	m³	403	运距 1km

3. 黄河右岸河堤工程

表 7-3　　　　　　　　黄河右岸河堤工程工程量清单

序号	工程名称	单位	数量	备注
1	土方开挖（含清运）	m³	183 900	运距 1km
2	堤背填土（含挖运）	m³	124 496	运距 2km
3	黏土斜墙铺筑（含挖运）	m³	9618	运距 4km

序号	工程名称	单位	数量	备注
4	干砌块石护坡	m³	70 962	
5	浆砌块石	m³	43 421	
6	C20 混凝土格栅	m³	1289	
7	钢丝笼块石	m³	29 069	
8	砂砾石垫层（含挖运）	m³	8568	运距 1km
9	钢筋制作安装	t	50	
10	钢模板	m²	8590	
11	斗车运混凝土	m³	1289	运距 1km
12	沥青混凝土路面	m²	12 000	
13	石料运输	m³	144 270	运距 1km
14	伸缩缝	m²	331	
15	砂浆运输	m³	14 551	运距 1km
16	干砌石护基	m³	3986	
17	管理房屋	m²	200	

4. 黄河河堤涵洞工程

表 7-4　　　　　　　　　　　黄河河堤涵洞工程工程量清单

序号	工程名称	单位	数量	备注
1	C20 混凝土底板	m³	97	
2	C20 混凝土涵洞	m³	113	
3	C20 混凝土溢流面	m³	52	
4	C20 混凝土挡墙	m³	143	
5	C20 混凝土格栅	m³	45	
6	C20 混凝土门槽	m³	102	
7	碎石垫层	m³	393	
8	浆砌块石	m³	1125	
9	钢丝笼块石	m³	90	
10	干砌块石	m³	1342	
11	土方开挖（含清运）	m³	6032	运距 1km
12	土方回填（含挖运）	m³	774	运距 2km
13	钢筋制作安装	t	11	
14	钢模板	m²	545	
15	斗车运混凝土	m³	552	运距 1km

7.3.2　机电设备及安装工程

表 7-5　　　　　　　　　　机电设备及安装工程工程量清单

序号	工程名称	单位	数量	备注
1	电力变压器	台	1	
2	工程管理用器具			
	摩托车	辆	2	
	橡皮舟	只	2	
	水准仪	台	2	
	经纬仪	台	2	
	通信设备	套	1	

7.3.3　金属结构设备及安装工程

表 7-6　　　　　　　　　　金属结构设备及安装工程工程量清单

序号	工程名称	单位	数量	备注
1	黄河段涵洞工程			
	平板焊接闸门制作	t	5.8	
	平板焊接闸门安装	t	5.8	
	螺杆启闭机 3t	台	2	
	螺杆启闭机 2t	台	4	
2	孤山川左岸涵洞工程			
	平板焊接闸门制作	t	3.3	
	平板焊接闸门安装	t	3.3	
	螺杆启闭机 3t	台	1	
	螺杆启闭机 2t	台	1	
	螺杆启闭机 1t	台	1	

7.3.4　施工临时工程

表 7-7　　　　　　　　　　施工临时工程工程量清单

序号	工程名称	单位	数量	备注
1	施工导流工程			
	草土围堰	m³	23 000	
2	房屋建筑工程			
	施工仓库	m²	600	
	临时房屋	m²	1000	
3	场外供电线路			
	10kV 供电线路	km	5	
4	其他施工临时工程	%	3.0	

7.4　工程概算编制

　　根据上述编制原则和依据以及工程量清单编制的工程概算书见《某县城防洪工程工程概算》。

165

某县城防洪工程工程概算

工程名称：<u>某县防洪工程</u>

编制单位：×　×　×

编 制 人：×　×　×

日　　期：×　年　×　月

编 制 目 录

一、编制说明

（一）工程概况

某县城防洪工程由防洪堤和排水涵洞组成。其中黄河右岸防洪堤长 3082m，排水涵洞 6 座；孤山川左岸防洪堤长 2163m，排水涵洞 3 座。主体工程主要工程量有：土石方开挖 65.87 万 m^3，土石方回填 42.95 万 m^3，铁丝笼块石（抛石）7.15 万 m^3，混凝土工程 0.47 万 m^3。主体工程主要材料用量：水泥 58.24 万 t，钢筋 163.07t。主体工程人工用量 253.88 万工时。施工工期为 24 个月。

（二）投资主要指标

该防洪工程总投资为 10147.70 万元，静态总投资为 9261.22 万元，年度价格指数 5%，基本预备费率 5%，建设期融资额度 5270.66 万元，年利率 4%，利息 266.77 万元。

（三）编制原则和依据

1. 编制原则

根据水利部水总〔2014〕429 号文颁发的《水利工程设计概（估）算编制规定》编制某县城防洪工程初步设计概算。

2. 编制依据

（1）施工机械台时费依据水利部水总〔2002〕116 号文颁发的《水利工程施工机械台时费定额》计算确定。

（2）建筑工程单价依据水利部水总〔2002〕116 号文颁发的《水利建筑工程概算定额》计算确定。

（3）安装工程单价依据水利部水总〔2002〕116 号文颁发的《水利水电设备安装工程概算定额》计算确定。

（4）人工预算单价根据水利部水总〔2014〕429 号文颁发的《水利工程设计概（估）算编制规定》计算，工程所在地为一类区。

（5）材料预算单价由市场调查确定。

（6）其他直接费、间接费、企业利润、税金按水利部水总〔2014〕429 号文颁发的《水利工程设计概（估）编制规定》计算。

（7）施工临时工程费按水利部水总〔2014〕429 号文颁发的《水利工程设计概（估）算编制规定》计算。

（8）独立费用依据水利部水总〔2014〕429 号文颁发的《水利工程设计概（估）算编制规定》计算。

二、工程概算总表

表 7-8　　　　　　　　　　　工 程 概 算 总 表　　　　　　　　单位：万元

序号	工程或费用名称	建安工程费	设备购置费	独立费用	合计
I	工程部分投资				
一	建筑工程	7072.29			7072.29
二	机电设备及安装工程	2.82	9.68		12.50
三	金属结构设备及安装工程	9.84	18.18		28.02
四	施工临时工程	496.38			496.38

序号	工程或费用名称	建安工程费	设备购置费	独立费用	合计
五	独立费用			1019.02	1019.02
	一至五部分投资合计	7581.33	27.86	1019.02	8628.21
	基本预备费				431.41
	静态总投资				9059.62
Ⅱ	建设征地移民补偿投资				
一	农村部分补偿费				0.00
二	城（集）镇部分补偿费				192.00
三	工业企业补偿费				0.00
四	专业项目补偿费				0.00
五	防护工程费				0.00
六	库底清理费				0.00
七	其他费用				0.00
	静态投资				201.60
Ⅲ	环境保护工程投资				
	静态投资				0.00
Ⅳ	水土保持工程投资				
	静态投资				0.00
Ⅴ	工程投资总计（Ⅰ—Ⅳ合计）				
	静态总投资				9261.22
	价差预备费				619.70
	建设期融资利息				266.77
	总投资				10 147.70

三、工程部分概算表

（一）概算表

表 7-9　　　　　　　　　总　概　算　表　　　　　　　　　单位：万元

序号	工程或费用名称	建安工程费	设备购置费	独立费用	合计	占一至五投资（%）
一	工程部分					
（一）	建筑工程	7072.29			7072.29	81.97
1	孤山川左岸河堤工程	3787.65			3787.65	43.90
2	孤山川河堤涵洞工程	49.00			49.00	0.57
3	黄河右岸河堤工程	3153.78			3153.78	36.55
4	黄河河堤涵洞工程	81.87			81.87	0.95
（二）	机电设备及安装工程	2.82	9.68		12.50	0.14
1	变压器工程	2.82	8.00		10.82	0.13

序号	工程或费用名称	建安工程费	设备购置费	独立费用	合计	占一至五投资（%）
2	其他设备	0.00	1.68		1.68	0.02
（三）	金属结构设备及安装工程	9.84	18.18		28.02	0.32
1	黄河河堤涵洞工程	6.52	12.04		18.56	0.22
2	孤山川河堤涵洞工程	3.32	6.14		9.46	0.11
（四）	施工临时工程	496.38	0.00	0.00	496.38	5.75
1	施工导流工程	344.34			344.34	3.99
2	房屋建筑工程	36.00			36.00	0.42
3	场外供电线路	4.00			4.00	0.05
4	其他临时工程	112.04			112.04	1.30
（五）	独立费用			1019.02	1019.02	11.81
1	建设管理费			265.35	265.35	3.08
2	工程建设监理费			132.47	132.47	1.54
3	联合试运转费			0.00	0.00	0.00
4	生产准备费			115.24	115.24	1.34
5	科研勘测费			471.86	471.86	5.47
6	其他			34.12	34.12	0.40
二	一至五部分投资合计	7581.33	27.86	1019.02	8628.21	100.00
三	基本预备费				431.41	
四	静态总投资				9059.62	
五	价差预备费				609.62	
六	建设期融资利息				259.05	
七	总投资				9928.30	

表 7-10　　　　　　　　　　建筑工程概算表

序号	工程或费用名称	单位	数量	单价/元	合计/元
一	孤山川左岸河堤工程				37 876 452.16
001	土方开挖（含清运）	m^3	34 273.00	8.70	298 266.73
001+002	堤背填土（含挖运）	m^3	202 303.00	24.86	5 028 267.56
003+005	黏土斜墙铺筑（含挖运）	m^3	81 407.00	17.39	1 416 005.23
006	干砌块石护坡	m^3	19 515.00	121.41	2 369 303.90
007	浆砌块石护坡	m^3	16 294.00	213.08	3 471 981.76
021	C20 混凝土格栅	m^3	2410.00	376.81	908 123.08
008	钢丝笼块石	m^3	42 269.00	136.21	5 757 528.02
009	砂砾石垫层（含挖运）	m^3	84 897.00	104.26	8 851 497.29
010	干砌石护基	m^3	62 583.00	116.20	7 272 034.39

第7章 工程实例

序号	工程或费用名称	单位	数量	单价/元	合计/元
011	钢筋制作安装	t	89.00	5945.45	529 145.14
012	钢模板	m²	16 067.00	45.54	731 671.42
013	斗车运混凝土	m³	2410.00	19.28	46 476.64
014	一般石方开挖	m³	3000.00	35.73	107 199.17
015	伸缩缝	m²	405.00	81.96	33 192.37
013	砂浆运输	m³	5189.00	19.28	100 069.41
016	石料运输	m³	119 802.00	7.98	955 690.07
二	孤山川河堤涵洞工程				490 007.43
017	C20混凝土底板	m³	85.00	356.01	30 261.16
018	C20混凝土涵洞	m³	139.00	349.93	48 639.78
019	C20混凝土溢流面	m³	18.00	341.96	6155.36
020	C20混凝土挡墙	m³	79.00	354.71	28 021.91
021	C20混凝土格栅	m³	29.00	376.81	10 927.62
022	C20混凝土门槽	m³	52.00	501.04	26 053.92
009	碎石垫层	m³	376.00	104.26	39 202.36
023	浆砌块石挡土墙	m³	596.00	209.03	124 579.25
008	钢丝笼块石	m³	46.00	136.21	6265.73
006	干砌块石护坡	m³	338.00	121.41	41 036.37
001	土方开挖（含清运）	m³	2834.00	8.70	24 663.38
002+025	土方回填（含挖运）	m³	542.20	26.82	14 543.36
009	砂砾石垫层（含挖运）	m³	124.00	104.26	12 928.44
003+005	黏土斜墙铺筑（含挖运）	m³	176.00	17.39	3061.37
011	钢筋制作安装	t	9.00	5945.45	53 509.06
012	钢模板	m²	272.00	45.54	12 386.55
013	斗车运混凝土	m³	403.00	19.28	7771.82
三	黄河右岸河堤工程				31 537 758.22
001	土方开挖（含清运）	m³	183 900.00	8.70	1 600 421.66
001+002	堤背填土（含挖运）	m³	124 496.00	24.86	3 094 364.38
003+005	黏土斜墙铺筑（含挖运）	m³	9618.00	17.39	167 296.89
006	干砌块石护坡	m³	70 962.00	121.41	8 615 451.87
007	浆砌块石护坡	m³	43 421.00	213.08	9 252 296.54
021	C20混凝土格栅	m³	1289.00	376.81	485 713.96
008	钢丝笼块石	m³	290 69.00	136.21	3 959 534.93
009	砂砾石垫层（含挖运）	m³	8568.00	104.26	893 313.41

序号	工程或费用名称	单位	数量	单价/元	合计/元
011	钢筋制作安装	t	50.00	5945.45	297 272.55
012	钢模板	m²	8590.00	45.54	391 178.04
013	斗车运混凝土	m³	1289.00	19.28	24 858.25
024	沥青混凝土路面	m²	12 000.00	55.36	664 269.88
016	石料运输	m³	144 270.00	7.98	1 150 877.33
015	伸缩缝	m²	331.00	81.96	27 127.59
013	砂浆运输	m³	14 551.00	19.28	280 614.75
010	干砌石护基	m³	3986.00	116.20	463 166.18
	管理房屋	m²	200.00	850.00	170 000.00
四	黄河河堤涵洞工程				818 671.94
017	C20 混凝土底板	m³	97.00	356.01	34 533.32
018	C20 混凝土涵洞	m³	113.00	349.93	39 541.69
019	C20 混凝土溢流面	m³	52.00	341.96	17 782.14
020	C20 混凝土挡墙	m³	143.00	354.71	50 909.95
021	C20 混凝土格栅	m³	45.00	376.81	16 956.65
022	C20 混凝土门槽	m³	102.00	501.04	51 105.76
009	碎石垫层	m³	393.00	104.26	40 974.81
023	浆砌块石挡土墙	m³	1125.00	209.03	235 153.78
008	钢丝笼块石	m³	90.00	136.21	12 259.04
006	干砌块石护坡	m³	1342.00	121.41	157 424.17
001	土方开挖（含清运）	m³	6032.00	8.70	52 494.53
002+025	土方回填（含挖运）	m³	323.40	26.82	8672.24
011	钢筋制作安装	t	11.00	5945.45	65 399.96
012	钢模板	m²	545.00	45.54	24 818.63
013	斗车运混凝土	m³	552.00	19.28	10 645.27
	总计				70 722 889.74

表 7-11　　　　　　　　　机电设备及安装工程概算表

序号	名称及规格	单位	数量	单价/元		合计/元	
				设备费	安装费	设备费	安装费
（一）	变压器工程					80 000.00	28 207.83
029	电力变压器	台	1	80 000.00	28 207.83	80 000.00	28 207.83
（二）	其他设备					16 800.00	0.00
	摩托车	辆	2	4000.00	0.00	8000.00	0.00
	橡皮舟	只	2	600.00	0.00	1200.00	0.00

序号	名称及规格	单位	数量	单价/元		合计/元	
				设备费	安装费	设备费	安装费
	水准仪	台	2	800.00	0.00	1600.00	0.00
	经纬仪	台	2	1500.00	0.00	3000.00	0.00
	通信设备	套	1	3000.00	0.00	3000.00	0.00
	合计					96 800.00	28 207.83

表 7-12   **金属结构设备及安装工程概算表**

序号	名称及规格	单位	数量	单价/元		合计/元	
				设备费	安装费	设备费	安装费
一	黄河段涵洞工程			33 000.00	20 342.17	120 400.00	65 221.41
030	平面焊接闸门安装	t	5.8	8000.00	1498.17	46 400.00	8689.41
032	螺杆起闭机 3t	台	2	13 000.00	9422.00	26 000.00	18 844.00
032	螺杆起闭机 2t	台	4	12 000.00	9422.00	48 000.00	37 688.00
二	孤山川左岸涵洞工程			43 000.00	29 764.17	61 400.00	33 209.97
031	平面焊接闸门安装	t	3.3	8000.00	1498.17	26 400.00	4943.97
032	螺杆起闭机 3t	台	1	13 000.00	9422.00	13 000.00	9422.00
032	螺杆起闭机 2t	台	1	12 000.00	9422.00	12 000.00	9422.00
032	螺杆起闭机 1t	台	1	10 000.00	9422.00	10 000.00	9422.00
	合计					181 800.00	98 431.38

表 7-13   **施工临时工程概算表**

序号	工程或费用名称	单位	数量	单价/元	合计/元
一	施工导流工程				3 443 377.00
1	草土围堰	m³	23 000	149.71	3 443 377.00
二	房屋建筑工程				360 000.00
1	施工仓库	m²	600	100	60 000.00
2	临时房屋	m²	1000	300	30 0000.00
三	场外供电线路				40 000.00
1	10kV 供电线路	km	5	8000	40 000.00
四	其他临时工程	%	1.5	74 692 905.95	1 120 393.59
	合计				4 963 770.59

表 7-14   **独 立 费 用 概 算 表**   单位：万元

序号	费用名称	计算公式	金额
一	建设管理费	75 813 299.54×3.5%	2 653 465.48
1	建设单位开办费		

序号	费用名称	计算公式	金额
2	建设单位人员费		
3	项目管理费		
二	工程建设监理费		1 324 656.75
三	联合试运转费		0.00
四	生产准备费		1 152 362.15
1	生产及管理单位提前进场费	75 813 299.54×0.35%	265 346.55
2	生产职工培训费	75 813 299.54×0.35%	265 346.55
3	管理用具购置费	75 813 299.54×0.02%	15 162.66
4	备品备件购置费	75 813 299.54×0.6%	454 879.80
5	工器具及生产家具购置费	75 813 299.54×0.2%	151 626.60
五	科研勘测设计费		4 718 589.84
1	工程科学研究试验费	75 813 299.54×0.3%	227 439.90
2	工程勘测设计费		4 491 149.95
六	其他		341 159.85
1	工程保险费	75 813 299.54×4.5‰	341 159.85
2	其他税率		0.00
	总计		10 190 234.08

表 7-15　　　　　分 年 度 投 资 表　　　　　单位：万元

序号	项目	合计	建设工期/年	
			1	2
I	工程部分投资			
一	建筑工程	7568.67	4739.75	2828.92
1	建筑工程	7072.29	4243.37	2828.92
(1)	孤山川左岸河堤工程	3787.65	2272.59	1515.06
(2)	孤山川河堤涵洞工程	49.00	29.40	19.60
(3)	黄河右岸河堤工程	3153.78	1892.27	1261.51
(4)	黄河河堤涵洞工程	81.87	49.12	32.75
2	施工临时工程	496.38	496.38	0.00
(1)	施工导流工程	344.34	344.34	0.00
(2)	房屋建筑工程	36.00	36.00	0.00
(3)	场外供电线路	4.00	4.00	0.00
(4)	其他临时工程	112.04	112.04	0.00
二	安装工程	12.66	0.00	12.66
1	机电设备安装工程	2.82	0.00	2.82
2	金属结构设备安装工程	9.84	0.00	9.84

序号	项　目	合计	建设工期/年	
			1	2
（1）	黄河段涵洞工程	6.52	0.00	6.52
（2）	孤山川左岸涵洞工程	3.32	0.00	3.32
三	设备工程	27.86	27.86	0.00
1	机电设备	9.68	9.68	0.00
（1）	变压器	8.00	8.00	0.00
（2）	其他设备	1.68	1.68	0.00
2	金属结构设备	18.18	18.18	0.00
四	独立费用	1019.02	1019.02	0.00
1	建设管理费	265.35	265.35	
2	工程建设监理费	132.47	132.47	
3	联和试运转费	0.00	0.00	
4	生产准备费	115.24	115.24	
5	科研勘测设计费	471.86	471.86	
6	其他	34.12	34.12	
	一至四部分合计	8628.21	5786.63	2841.58
	基本预备费	431.41	289.33	142.08
	静态投资	9059.62	6075.97	2983.66
Ⅱ	建设征地移民补偿投资			
一	农村部分补偿费	0.00	0.00	0.00
二	城（集）镇部分补偿费	192.00	192.00	0.00
三	工业企业补偿费	0.00	0.00	0.00
四	专业项目补偿费	0.00	0.00	0.00
五	防护工程费	0.00	0.00	0.00
六	库底清理费	0.00	0.00	0.00
七	其他费用	0.00	0.00	0.00
	静态投资	201.60	201.60	0.00
Ⅲ	环境保护工程投资			
	静态投资	0.00	0.00	0.00
Ⅳ	水土保持工程投资			
	静态投资	0.00	0.00	0.00

续表

序号	项目	合计	建设工期/年	
			1	2
V	工程投资总计（Ⅰ—Ⅳ合计）			
	静态总投资	9261.22	6277.57	2983.66
	价差预备费	619.70	313.88	305.82
	建设期融资利息	266.77	79.10	187.67
	总投资	10 147.70	6670.54	3477.16

表 7-16　　　　　　　　　　　资 金 流 量 表　　　　　　　　单位：万元

序号	项目	合计	建设工期/年	
			1	2
Ⅰ	工程部分投资			
一	建筑工程	7568.67	4739.75	2828.92
（一）	建筑工程	7072.29	4243.37	2828.92
1	孤山川左岸河堤工程	3787.65	2272.59	1515.06
2	孤山川河堤涵洞工程	49.00	29.40	19.60
3	黄河右岸河堤工程	3153.78	1892.27	1261.51
4	黄河河堤涵洞工程	81.87	49.12	32.75
（二）	施工临时工程	496.38	496.38	0.00
1	施工导流工程	344.34	344.34	0.00
2	房屋建筑工程	36.00	36.00	0.00
3	场外供电线路	4.00	4.00	0.00
4	其他临时工程	112.04	112.04	0.00
二	安装工程	12.66	0.00	12.66
（一）	机电设备安装工程	2.82	0.00	2.82
（二）	金属结构设备安装工程	9.84	0.00	9.84
1	黄河段涵洞工程	6.52	0.00	6.52
2	孤山川左岸涵洞工程	3.32	0.00	3.32
三	设备工程购置费	27.86	27.86	0.00
1	机电设备	9.68	9.68	0.00
（1）	变压器	8.00	8.00	0.00
（2）	其他设备	1.68	1.68	0.00

序号	项 目	合计	建设工期/年	
			1	2
2	金属结构设备	18.18	18.18	0.00
四	独立费用	1019.02	1019.02	0.00
1	建设管理费	265.35	265.35	0.00
2	工程建设监理费	132.47	132.47	0.00
3	联和试运转费	0.00	0.00	0.00
4	生产准备费	115.24	115.24	0.00
5	科研勘测设计费	471.86	471.86	0.00
6	其他	34.12	34.12	0.00
	一至四部分合计	8628.21	5786.63	2841.58
	基本预备费	431.41	289.33	142.08
	静态投资	9059.62	6075.97	2983.66
Ⅱ	建设征地移民补偿投资			
一	农村部分补偿费	0.00	0.00	0.00
二	城（集）镇部分补偿费	192.00	192.00	0.00
三	工业企业补偿费	0.00	0.00	0.00
四	专业项目补偿费	0.00	0.00	0.00
五	防护工程费	0.00	0.00	0.00
六	库底清理费	0.00	0.00	0.00
七	其他费用	0.00	0.00	0.00
	静态投资	201.60	201.60	0.00
Ⅲ	环境保护工程投资			
	静态投资	0.00	0.00	0.00
Ⅳ	水土保持工程投资			
	静态投资	0.00	0.00	0.00
Ⅴ	工程投资总计（Ⅰ—Ⅳ合计）			
	静态总投资	9261.22	6277.57	2983.66
	价差预备费	619.70	313.88	305.82
	建设期融资利息	266.77	79.10	187.67
	总投资	10 147.70	6670.54	3477.16

（二）概算附表

表 7-17　　　　　　　　　　　　建筑工程单价汇总表　　　　　　　　　　　　单位：元

单价编号	名称	单位	单价	其中				间接费	利润	材料补差	税金
				人工费	材料费	机械使用费	其他直接费				
1	土方开挖（含清运）	m³	8.70	0.18	0.26	6.27	0.38	0.28	0.52	0.53	0.29
2	堤背填土（含挖运）	m³	24.86	1.42	0.87	16.92	1.09	0.81	1.48	1.44	0.82
3	黏土斜墙铺筑	m³	17.39	1.64	0.63	11.21	0.77	0.57	1.04	0.98	0.57
4	干砌块石护坡	m³	121.41	29.74	65.65	0.73	5.48	8.13	7.68	0.00	4.00
5	浆砌块石护坡	m³	213.08	45.69	108.55	2.47	8.93	13.25	12.52	14.63	7.03
6	钢丝笼块石	m³	136.21	25.67	84.20	0.00	6.26	6.97	8.62	0.00	4.49
7	砂砾石垫层	m³	104.26	22.87	62.85	0.00	4.89	3.62	6.60	0.00	3.44
8	干砌石护基	m³	116.20	25.62	65.65	0.73	5.24	7.78	7.35	0.00	3.83
9	钢筋制作安装	t	5945.45	517.59	3169.74	147.21	218.57	162.12	295.07	1239.10	196.05
10	钢模板	m²	45.54	15.68	9.84	9.91	2.02	2.25	2.78	1.56	1.50
11	斗车运混凝土	m³	19.28	14.03	0.88	0.64	0.89	0.99	1.22	0.00	0.64
12	一般石方开挖	m³	35.73	5.11	6.18	15.90	1.55	2.30	2.17	1.35	1.18
13	伸缩缝	m³	81.96	11.57	53.90	0.03	3.73	4.85	5.18	0.00	2.70
14	石料运输	m³	7.98	0.11	0.06	5.81	0.34	0.51	0.48	0.41	0.26
15	C20 混凝土底板	m³	356.01	54.19	176.09	8.46	13.61	17.66	18.90	55.36	11.74
16	C20 混凝土涵洞	m³	349.93	53.33	172.26	9.14	13.38	17.37	18.58	54.33	11.54
17	C20 混凝土溢流面	m³	341.96	52.48	168.97	8.18	13.09	16.99	18.18	52.79	11.28
18	C20 混凝土挡墙	m³	354.71	47.24	177.37	13.52	13.57	17.62	18.85	54.84	11.70
19	C20 混凝土格栅	m³	376.81	73.64	173.95	9.05	14.63	18.99	20.32	53.82	12.43
20	C20 混凝土门槽	m³	501.04	174.11	172.51	10.13	20.33	26.40	28.24	52.79	16.52

单价编号	名称	单位	单价	其中							
				人工费	材料费	机械使用费	其他直接费	间接费	利润	材料补差	税金
21	浆砌块石挡土墙	m³	209.03	44.05	107.34	2.43	8.77	13.01	12.29	14.25	6.89
22	沥青混凝土路面	m²	55.36	5.68	36.33	2.51	2.54	2.82	3.49	0.16	1.83
23	土方开挖2（含清运）	m³	10.67	0.18	0.32	7.72	0.47	0.35	0.63	0.66	0.35
24	土方回填（含挖运）	m³	26.82	1.42	0.92	18.37	1.18	0.88	1.59	1.57	0.88
25	草土围堰	m³	149.71	53.31	69.77	0.00	7.02	5.20	9.47	0.00	4.94

表 7-18 安装工程单价汇总表 单位：元

序号	名称	单位	单价	其中								
				人工费	材料费	机械使用费	其他直接费	间接费	利润	材料补差	未计价装置性材料费	税金
1	电力变压器	台	28 207.83	9962.84	5277.68	2027.93	1105.18	6973.99	1774.33	155.71	0.00	930.17
2	平面焊接闸门安装 5.8t	t	1498.17	637.80	136.53	75.71	54.40	446.46	94.56	3.31	0.00	49.40
3	平面焊接闸门安装 3.3t	t	1498.17	637.80	136.53	75.71	54.40	446.46	94.56	3.31	0.00	49.40
4	螺杆起闭机 1t, 2t, 3t	台	9422.00	3425.96	1304.34	916.67	361.41	2398.17	588.46	116.30	0.00	310.70

表 7-19 主要材料价格汇总表 单位：元

序号	名称及规格	单位	预算价格	其中			
				原价	运杂费	运输保险费	采购及保管费
1	水泥	t	496.38	450.00	21.00	11.25	14.13
2	钢筋	t	4200.81	4000.00	20.40	100.00	80.41
3	钢材	t	4514.51	4300.00	20.60	107.50	86.41

序号	名称及规格	单位	预算价格	其 中			
				原价	运杂费	运输保险费	采购及保管费
4	木材	m³	874.85	800.00	34.00	20.00	20.85
5	炸药	t	6412.75	6000.00	110.00	150.00	152.75
6	砂子	m³	62.93	33.00	27.30	0.83	1.81
7	石子	m³	61.01	30.00	28.50	0.75	1.76
8	汽油	t	5256.52	5000.00	30.90	125.00	100.62
9	柴油	t	4211.52	4000.00	30.90	100.00	80.62
10	块石	m³	56.04	29.00	24.70	0.73	1.61
11	沥青	t	2126.14	2000.00	25.50	50.00	50.64

表 7-20　　　　　　　　　　　　其他材料价格汇总表　　　　　　　单位：元

序号	名称及规格	单位	预算单价	其中	
				原价	运杂费
1	水	m³	1	1	0
2	铅丝8号	kg	5.05	5	0.05
3	竹子	t	404	400	4
4	铁丝	kg	5.05	5	0.05
5	电焊条	kg	6.06	6	0.06
6	组合钢模板	kg	4.04	4	0.04
7	型钢	kg	4.04	4	0.04
8	卡构件	kg	4.04	4	0.04
9	铁件	kg	4.04	4	0.04
10	预埋铁件	kg	4.04	4	0.04
11	合金钻头	个	101	100	1
12	雷管	个	1.01	1	0.01
13	导线	m	1.01	1	0.01
14	油毛毡	m²	5.05	5	0.05
15	木柴	t	303	300	3
16	砂浆	m³	303	300	3
17	黏土	m³	30.3	30	0.3
18	石屑	m³	101	100	1
19	矿粉	t	606	600	6

序号	名称及规格	单位	预算单价	其中	
				原价	运杂费
20	电	kW·h	0.6	0.6	0
21	风	m³	0.0303	0.03	0.0003
22	氧气	m³	15.15	15	0.15
23	乙炔气	m³	15.15	15	0.15
24	变压器油	kg	8.08	8	0.08
25	调和漆	kg	10.1	10	0.1
26	磁漆	kg	12.12	12	0.12
27	石棉布	m²	2.02	2	0.02
28	镀锌螺栓	10 套	50.5	50	0.5
29	钢板垫板	kg	8.08	8	0.08
30	滤油纸	张	1.01	1	0.01
31	枕木	根	20.2	20	0.2
32	棉纱头	kg	15.15	15	0.15
33	黄油	kg	9.09	9	0.09
34	钢板	kg	5.05	5	0.05
35	绝缘线	m	3.03	3	0.03
36	破布	kg	1.01	1	0.01
37	机油	kg	4.04	4	0.04
38	编织袋	个	4.04	4.00	0.04
39	垫铁	kg	0	0.00	0

表 7-21　　　　　　　　　　　施工机械台时费汇总表　　　　　　　　　单位：元

序号	名称及规格	台时费	其中				
			折旧费	修理替换费	安拆费	人工	动力燃料费
1	挖掘机 2m³	235.09	89.06	54.68	3.56	17.09	70.70
2	挖掘机 3m³	396.19	174.56	83.44		17.09	121.10
3	推土机 59kW	68.90	10.80	13.02	0.49	15.19	29.40
4	推土机 88kW	116.14	26.72	29.07	1.06	15.19	44.10
5	自卸汽车 8t	80.07	22.59	13.55		8.23	35.70
6	自卸汽车 15t	126.62	42.67	29.87		8.23	45.85

序号	名称及规格	台时费	其中				
			折旧费	修理替换费	安拆费	人工	动力燃料费
7	载重汽车 5t	52.78	7.77	10.86		8.23	25.92
8	凸块振动碾 13.5t	182.13	74.35	33.64		17.09	57.05
9	推土机 74kW	94.96	19.00	22.81	0.86	15.19	37.10
10	蛙式打夯机 2.8kW	15.34	0.17	1.01		12.66	1.50
11	刨毛机	60.71	8.36	10.87	0.39	15.19	25.90
12	装载机 2m³	133.53	32.15	24.20		8.23	68.95
13	羊角碾 5～7t	2.33	1.27	1.06		0.00	0.00
14	拖拉机 59kW	55.75	5.70	6.84	0.37	15.19	27.65
15	胶轮车	0.90	0.26	0.64		0.00	0.00
16	砂浆搅拌机 0.4m³	15.32	0.83	2.28	0.20	8.23	3.78
17	振动器 1.1kW	2.02	0.32	1.22		0.00	0.48
18	风（砂）水枪	10.90	0.24	0.42		0.00	10.24
19	混凝土泵 30m³/h	84.42	30.48	20.63	2.10	15.19	16.02
20	电焊机 25kVA	9.42	0.33	0.30	0.09	0.00	8.70
21	钢筋调直机 14kW	17.28	1.60	2.69	0.44	8.23	4.32
22	钢筋切断机 20kW	21.72	1.18	1.71	0.28	8.23	10.32
23	钢筋弯曲机 6～40	14.05	0.53	1.45	0.24	8.23	3.60
24	对焊机 150 型	61.49	1.35	3.20	0.65	8.23	48.06
25	塔式起重机 10t	100.47	41.37	16.89	3.10	17.09	22.02
26	汽车起重机 5t	63.31	12.92	12.42		17.09	20.88
27	V 形斗车 0.6m³	0.54	0.43	0.11		0.00	0.00
28	风钻（手持式）	8.19	0.54	1.89		0.00	5.76
29	内燃压路机 12～15t	65.34	10.12	17.28		15.19	22.75
30	搅拌机 0.4m³	23.09	3.29	5.34	1.07	8.23	5.16
31	沥青洒布车 3500L	59.16	13.44	15.53		8.23	21.96
32	门式起重机 10t	53.06	20.42	5.96	0.99	15.19	10.50
33	压力滤油机 150 型	10.25	1.04	0.34	0.1	8.23	0.54

表 7-22　　　　　　　　　　　　主要工程量汇总表

序号	项目	土石方开挖/m³	土石方填筑/m³	混凝土/m³	模板/m²	钢筋/t
（一）	孤山川左岸河堤工程	320 983.00	283 710.00	2410.00	16 067.00	89.00
（二）	孤山川河堤涵洞工程	4308.00	1974.00	402.00	272.00	9.00
（三）	黄河右岸河堤工程	326 582.00	142 682.00	1289.00	8590.00	50.00
（四）	黄河河堤涵洞工程	6806.00	1167.00	552.00	545.00	11.00
	合计	658 679.00	429 533.00	4653.00	25 474.00	159.00

表 7-23　　　　　　　　　　　　主要材料用量汇总表

序号	项目	水泥/t	钢筋/t	木材/m³	炸药/t	沥青/t	汽油/t	柴油/t
（一）	孤山川左岸河堤工程	186 150.63	91.67		99.51	741.15	33.55	441.65
（二）	孤山川河堤涵洞工程	15 132.97	9.18				0.59	4.01
（三）	黄河右岸河堤工程	358 064.82	51.00	1200.00		140 765.73	18.07	389.05
（四）	黄河河堤涵洞工程	23 005.12	11.22				1.17	5.65
	合计	582 353.54	163.07	1200.00	99.51	141 506.88	53.37	840.37

表 7-24　　　　　　　　　　　　工时数量汇总表

序号	项目	工时数量	备注
（一）	孤山川左岸河堤工程	1 371 713.68	
（二）	孤山川河堤涵洞工程	15 265.29	
（三）	黄河右岸河堤工程	1 123 955.64	
（四）	黄河河堤涵洞工程	27 873.30	
	合计	2 538 807.91	

表 7-25　　　　　　　　　　　建设及施工场地征用数量汇总表

序号	项目	占地面积/亩	备注
1	永久占地	200	
2	临时占地	100	

四、概算附件

表 7-26　　　　　　　　　　　　人工预算单价计算表

地区类别	一类	定额人工等级	工长	高级工	中级工	初级工
序号	项目	计算式				
1	人工工时预算单价		8.19	7.57	6.33	4.43
2	人工工日预算单价	1×8	65.52	60.56	50.64	35.44

表 7-27　　　　　　　　　　　　　主要材料预算价格计算表

编号	名称及规格	单位	原价依据	单位毛重/t	每吨运费/元	价格/元				
						原价	运杂费	采购及保管费	运输保险费	预算价格
1	水泥	t	市场调查	1.05	20.00	450.00	21.00	14.13	11.25	496.38
2	钢筋	t	市场调查	1.02	20.00	4000.00	20.40	80.41	100.00	4200.81
3	钢材	t	市场调查	1.03	20.00	4300.00	20.60	86.41	107.50	4514.51
4	木材	m³	市场调查	0.85	40.00	800.00	34.00	20.85	20.00	874.85
5	炸药	t	市场调查	1.10	100.00	6000.00	110.00	152.75	150.00	6412.75
6	砂子	m³	市场调查	2.10	13.00	33.00	27.30	1.81	0.83	62.93
7	石子	m³	市场调查	1.90	15.00	30.00	28.50	1.76	0.75	61.01
8	汽油	t	市场调查	1.03	30.00	5000.00	30.90	100.62	125.00	5256.52
9	柴油	t	市场调查	1.03	30.00	4000.00	30.90	80.62	100.00	4211.52
10	块石	m³	市场调查	1.90	13.00	29.00	24.70	1.61	0.73	56.04
11	沥青	t	市场调查	1.02	25.00	2000.00	25.50	50.64	50.00	2126.14

表 7-28　　　　　　　　　　　　混凝土及砂浆材料单价计算表

编号	强度等级	水泥强度等级	级配	预算量				单价/元
				水泥/kg	砂/m³	石子/m³	水/m³	
1	C20 混凝土	R42.5	2	261.00	0.51	0.81	0.15	159.96
2	M5 砂浆	R32.5		211.00	1.13		0.13	134.55

表 7-29　　　　　　　　　　　　　施工机械台时费计算表

序号	名称及规格	定额编号	台时费/元	一类费用			二类费用					
				折旧费/元	修理及替换设备费/元	安装拆卸费/元	人工/工时	汽油/kg	柴油/kg	电/(k·Wh)	风/m³	水/m³
1	挖掘机 2m³	1011	235.09	89.06	54.68	3.56	2.70		20.20			
2	挖掘机 3m³	1013	396.19	174.56	83.44		2.70		34.60			
3	推土机 59kW	1042	68.90	10.80	13.02	0.49	2.40		8.40			
4	推土机 88kW	1044	116.14	26.72	29.07	1.06	2.40		12.60			
5	自卸汽车 8t	3013	80.07	22.59	13.55		1.30		10.20			
6	自卸汽车 15t	3017	126.62	42.67	29.87		1.30		13.10			
7	载重汽车 5t	3004	52.78	7.77	10.86		1.30	7.20				
8	凸块振动碾 13.5t	1084	182.13	74.35	33.64		2.70		16.30			
9	推土机 74kW	1043	94.96	19.00	22.81	0.86	2.40		10.60			

序号	名称及规格	定额编号	台时费/元	一类费用			二类费用					
				折旧费/元	修理及替换设备费/元	安装拆卸费/元	人工/工时	汽油/kg	柴油/kg	电/(k·Wh)	风/m³	水/m³
10	蛙式打夯机2.8kW	1095	15.34	0.17	1.01		2.00			2.50		
11	刨毛机	1094	60.71	8.36	10.87	0.39	2.40			7.40		
12	装载机2m³	1030	133.53	32.15	24.20		1.30		19.70			
13	羊角碾5～7t	1087	2.33	1.27	1.06							
14	拖拉机59kW	1061	55.75	5.70	6.84	0.37	2.40		7.90			
15	胶轮车	3074	0.90	0.26	0.64							
16	砂浆搅拌机0.4m³	6021	15.32	0.83	2.28	0.20	1.30			6.30		
17	振动器1.1kW	2047	2.02	0.32	1.22					0.80		
18	风（砂）水枪	2080	10.90	0.24	0.42						202.50	4.10
19	混凝土泵30m³/h	2032	84.42	30.48	20.63	2.10	2.40			26.70		
20	电焊机25kVA	9126	9.42	0.33	0.30	0.09				14.50		
21	钢筋调直机14kW	9147	17.28	1.60	2.69	0.44	1.30			7.20		
22	钢筋切断机20kW	9146	21.72	1.18	1.71	0.28	1.30			17.20		
23	钢筋弯曲机6～40	9143	14.05	0.53	1.45	0.24	1.30			6.00		
24	对焊机150型	9135	61.49	1.35	3.20	0.65	1.30			80.10		
25	塔式起重机10t	4030	100.47	41.37	16.89	3.10	2.70			36.70		
26	汽车起重机5t	4085	63.31	12.92	12.42		2.70	5.80				
27	V形斗车0.6m³	3123	0.54	0.43	0.11							
28	风钻（手持式）	1069	8.19	0.54	1.89						180.10	0.30
29	内燃压路机12～15t	1092	65.34	10.12	17.28		2.40		6.50			
30	搅拌机0.4m³	2002	23.09	3.29	5.34	1.07	1.30			8.60		

续表

序号	名称及规格	定额编号	台时费/元	一类费用			二类费用					
				折旧费/元	修理及替换设备费/元	安装拆卸费/元	人工/工时	汽油/kg	柴油/kg	电/(k·Wh)	风/m³	水/m³
31	沥青洒布车 3500L	3063	59.16	13.44	15.53		1.30	6.10				
32	门式起重机 10t	4035	53.06	20.42	5.96	0.99	2.40			17.50		
33	压力滤油机 150 型	9219	10.25	1.04	0.34	0.1	1.3			0.9		

表 7-30   **建筑工程单价表**

单价编号	001		项目名称	土方开挖	
定额编号	水利部概 2002-10634		定额单位	100m³	
施工方法	土方开挖（含清运）运距 1km				
编号	名称及规格	单位	数量	单价/元	合计/元
一	直接费				709.08
（一）	基本直接费				670.84
1	人工费				18.16
	工长	工时	0.00	8.19	0.00
	高级工	工时	0.00	7.57	0.00
	中级工	工时	0.00	6.33	0.00
	初级工	工时	4.10	4.43	18.16
2	材料费				25.80
	零星材料费	%	4.00	645.04	25.80
3	施工机械使用费				626.87
	挖掘机 2m³	台时	0.61	235.09	143.41
	推土机 59kW	台时	0.30	68.90	20.67
	自卸汽车 8t	台时	5.78	80.07	462.80
（二）	其他直接费	%	5.70	670.84	38.24
二	间接费	%	4.00	709.08	28.36
三	利润	%	7.00	737.44	51.62
四	材料补差				52.51
	柴油	kg	73.80	0.71	52.51
五	税金	%	3.41	841.57	28.70
	合计				870.27

单价编号	002		项目名称	堤背填土	
定额编号	水利部概 2002-30081		定额单位	100m³	
施工方法			堤背填土压实		
编号	名称及规格	单位	数量	单价/元	合计/元
一	直接费				1321.13
(一)	基本直接费				1249.88
1	人工费				97.90
	工长	工时	0.00	8.19	0.00
	高级工	工时	0.00	7.57	0.00
	中级工	工时	0.00	6.33	0.00
	初级工	工时	22.10	4.43	97.90
2	材料费				35.95
	零星材料费	%	10.00	359.47	35.95
3	施工机械使用费				261.56
	凸块振动碾 13.5t	台时	0.86	182.13	156.63
	推土机 74kW	台时	0.55	94.96	52.23
	蛙式打夯机 2.8kW	台时	1.09	15.34	16.72
	刨毛机	台时	0.55	60.71	33.39
	其他机械费	%	1.00	258.97	2.59
4	土料运输	m³	126.00	6.78	854.47
(二)	其他直接费	%	5.70	1249.88	71.24
二	间接费	%	4.00	1321.13	52.85
三	利润	%	7.00	1373.97	96.18
四	材料补差				91.83
	柴油	kg	129.06	0.71	91.83
五	税金	%	3.41	1561.98	53.26
	合计				1615.25

单价编号	003		项目名称	黏土斜墙铺筑	
定额编号	水利部概 2002-10556		定额单位	100m³	
施工方法			挖掘机挖土		
编号	名称及规格	单位	数量	单价/元	合计/元
一	直接费				172.47
(一)	基本直接费				163.17
1	人工费				19.05
	工长	工时	0.00	8.19	0.00
	高级工	工时	0.00	7.57	0.00
	中级工	工时	0.00	6.33	0.00

编号	名称及规格	单位	数量	单价/元	合计/元
	初级工	工时	4.30	4.43	19.05
2	材料费				7.77
	零星材料费	%	5.00	155.40	7.77
3	施工机械使用费				136.35
	挖掘机 2m³	台时	0.58	235.09	136.35
（二）	其他直接费	%	5.70	163.17	9.30
二	间接费	%	4.00	172.47	6.90
三	利润	%	7.00	179.37	12.56
四	材料补差				8.34
	柴油	kg	11.72	0.71	8.34
五	税金	%	3.41	200.26	6.83
	合计				207.09

单价编号	004		项目名称	黏土斜墙铺筑	
定额编号	水利部概 2002-10742		定额单位	100m³	
施工方法	2m³ 装载机挖装土自卸汽车运输				
编号	名称及规格	单位	数量	单价/元	合计/元
一	直接费				716.81
（一）	基本直接费				678.15
1	人工费				20.82
	工长	工时	0.00	8.19	0.00
	高级工	工时	0.00	7.57	0.00
	中级工	工时	0.00	6.33	0.00
	初级工	工时	4.70	4.43	20.82
2	材料费				19.75
	零星材料费	%	3.00	658.40	19.75
3	施工机械使用费				637.58
	装载机 2m³	台时	0.89	133.53	118.84
	推土机 59kW	台时	0.44	68.90	30.32
	自卸汽车 8t	台时	6.10	80.07	488.42
（二）	其他直接费	%	5.70	678.15	38.65
二	间接费	%	4.00	716.81	28.67
三	利润	%	7.00	745.48	52.18
四	材料补差				59.38
	柴油	kg	83.45	0.71	59.38
五	税金	%	3.41	857.04	29.22
	合计				886.26

单价编号	005		项目名称	黏土斜墙铺筑	
定额编号	水利部概 2002-30077		定额单位	100m³	
施工方法	羊角碾压实				
编号	名称及规格	单位	数量	单价/元	合计/元
一	直接费				1251.46
(一)	基本直接费				1183.98
1	人工费				118.72
	工长	工时	0.00	8.19	0.00
	高级工	工时	0.00	7.57	0.00
	中级工	工时	0.00	6.33	0.00
	初级工	工时	26.80	4.43	118.72
2	材料费				29.96
	零星材料费	%	10.00	299.55	29.96
3	施工机械使用费				180.83
	羊角碾 5~7t	组时	1.81	2.33	4.22
	拖拉机 59kW	组时	1.30	55.75	72.48
	推土机 74kW	台时	0.55	94.96	52.23
	蛙式打夯机 2.8kW	台时	1.09	15.34	16.72
	刨毛机	台时	0.55	60.71	33.39
	其他机械费	%	1.00	179.04	1.79
4	土料运输	m³	126.00	6.78	854.47
(二)	其他直接费	%	5.70	1183.98	67.49
二	间接费	%	4.00	1251.46	50.06
三	利润	%	7.00	1301.52	91.11
四	材料补差				89.16
	柴油	kg	125.32	0.71	89.16
五	税金	%	3.41	1481.79	50.53
	合计				1532.32

单价编号	006		项目名称	干砌块石护坡	
定额编号	水利部概 2002-30017		定额单位	100m³	
施工方法	选石, 修石, 填缝, 找平				
编号	名称及规格	单位	数量	单价/元	合计/元
一	直接费				10 159.73
(一)	基本直接费				9611.85
1	人工费				2974.13
	工长	工时	11.60	8.19	95.00
	高级工	工时	0.00	7.57	0.00

编号	名称及规格	单位	数量	单价/元	合计/元
	中级工	工时	179.10	6.33	1133.70
	初级工	工时	394.00	4.43	1745.42
2	材料费				6565.18
	块石	m³	116.00	56.04	6500.18
	其他材料费	%	1.00	6500.18	65.00
3	施工机械使用费				72.55
	胶轮车	台时	80.61	0.90	72.55
（二）	其他直接费	%	5.70	9611.85	547.88
二	间接费	%	8.00	10 159.73	812.78
三	利润	%	7.00	10 972.51	768.08
四	材料补差				0.00
五	税金	%	3.41	11 740.58	400.35
	合计				12 140.94

单价编号	007	项目名称	浆砌块石护坡		
定额编号	水利部概 2002-30029	定额单位	100m³		
施工方法	选石，修石，拌浆，砌石，勾缝				
编号	名称及规格	单位	数量	单价/元	合计/元
一	直接费				16 565.42
（一）	基本直接费				15 672.11
1	人工费				4569.48
	工长	工时	17.30	8.19	141.69
	高级工	工时	0.00	7.57	0.00
	中级工	工时	356.50	6.33	2256.65
	初级工	工时	490.10	4.43	2171.14
2	材料费				10 855.35
	块石	m³	108.00	56.04	6051.89
	砂浆	m³	35.30	134.55	4749.45
	其他材料费	%	0.50	10 801.34	54.01
3	施工机械使用费				247.28
	胶轮车	台时	163.44	0.90	147.10
	砂浆搅拌机 0.4m³	台时	6.54	15.32	100.19
（二）	其他直接费	%	5.70	15 672.11	893.31
二	间接费	%	8.00	16 565.42	1325.23
三	利润	%	7.00	17 890.65	1252.35
四	材料补差				1462.70

编号	名称及规格	单位	数量	单价/元	合计/元
	水泥	t	7.45	196.38	1462.70
五	税金	%	3.41	20 605.69	702.65
	合计				21 308.35

单价编号		008		项目名称	钢丝笼块石
定额编号		水利部概 2002-90009		定额单位	100m³
施工方法			编笼，安放，装填，封口		
编号	名称及规格	单位	数量	单价/元	合计/元
一	直接费				11 613.47
（一）	基本直接费				10 987.20
1	人工费				2566.91
	工长	工时	24.00	8.19	196.56
	高级工	工时	0.00	7.57	0.00
	中级工	工时	210.00	6.33	1329.30
	初级工	工时	235.00	4.43	1041.05
2	材料费				8420.29
	铅丝 8 号	kg	397.00	5.05	2004.85
	钢筋 φ8~12	t	0.00	4200.81	0.00
	竹子	t	0.00	404.00	0.00
	块石	m³	113.00	56.04	6332.07
	其他材料费	%	1.00	8336.92	83.37
（二）	其他直接费	%	5.70	10 987.20	626.27
二	间接费	%	6.00	11 613.47	696.81
三	利润	%	7.00	12 310.28	861.72
四	材料补差				0.00
五	税金	%	3.41	13 171.99	449.17
	合计				13 621.16

单价编号		009		项目名称	砂砾石垫层
定额编号		水利部概 2002-30001		定额单位	100m³
施工方法			修坡，压实		
编号	名称及规格	单位	数量	单价/元	合计/元
一	直接费				9060.35
（一）	基本直接费				8571.76
1	人工费				2287.02
	工长	工时	10.20	8.19	83.54

编号	名称及规格	单位	数量	单价/元	合计/元
	高级工	工时	0.00	7.57	0.00
	中级工	工时	0.00	6.33	0.00
	初级工	工时	497.40	4.43	2203.48
2	材料费				6284.74
	碎石	kg	102.00	61.01	6222.51
	砂	t	0.00	62.93	0.00
	其他材料费	%	1.00	6222.51	62.23
（二）	其他直接费	%	5.70	8571.76	488.59
二	间接费	%	4.00	9060.35	362.41
三	利润	%	7.00	9422.76	659.59
四	材料补差				0.00
五	税金	%	3.41	10 082.35	343.81
	合计				10 426.16

单价编号		010		项目名称	干砌石护基
定额编号		水利部概 2002-30019		定额单位	100m³
施工方法		干砌石护基			
编号	名称及规格	单位	数量	单价/元	合计/元
一	直接费				9723.65
（一）	基本直接费				9199.29
1	人工费				2561.57
	工长	工时	10.20	8.19	83.54
	高级工	工时	0.00	7.57	0.00
	中级工	工时	142.40	6.33	901.39
	初级工	工时	355.90	4.43	1576.64
2	材料费				6565.18
	块石	m³	116.00	56.04	6500.18
	其他材料费	%	1.00	6500.18	65.00
3	施工机械使用费				72.55
	胶轮车	台时	80.61	0.90	72.55
（二）	其他直接费	%	5.70	9199.29	524.36
二	间接费	%	8.00	9723.65	777.89
三	利润	%	7.00	10 501.55	735.11
四	材料补差				0.00
五	税金	%	3.41	11 236.65	383.17
	合计				11 619.82

单价编号	011		项目名称	钢筋制作安装	
定额编号	水利部概 2002-70585		定额单位	t	
施工方法	钢筋制作安装，回直、除锈、切筋、焊接				
编号	名称及规格	单位	数量	单价/元	合计/元
一	直接费				4053.11
（一）	基本直接费				3834.54
1	人工费				517.59
	工长	工时	4.00	8.19	32.76
	高级工	工时	0.00	7.57	0.00
	中级工	工时	43.00	6.33	272.19
	初级工	工时	48.00	4.43	212.64
2	材料费				3169.74
	钢筋	t	1.03	3000.00	3090.00
	电焊条	kg	7.98	6.06	48.36
	其他材料费	%	1.00	3138.36	31.38
3	施工机械使用费				147.21
	钢筋调直机 14kW	台时	0.69	17.28	11.92
	风（砂）水枪	台时	1.85	10.90	20.16
	钢筋切断机 20kW	台时	0.46	21.72	9.99
	电焊机 25kVA	台时	9.79	9.42	92.22
	载重汽车 5t	台时	0.19	52.78	10.03
	其他机械费	%	2.00	144.32	2.89
（二）	其他直接费	%	5.70	3834.54	218.57
二	间接费	%	4.00	4053.11	162.12
三	利润	%	7.00	4215.23	295.07
四	材料补差				1239.10
	钢筋	t	1.03	1200.81	1236.83
	汽油	kg	1.37	1.66	2.27
五	税金	%	3.41	5749.40	196.05
	合计				5945.45

单价编号	012		项目名称	钢模板	
定额编号	水利部概 2002-5001		定额单位	100m²	
施工方法	钢模板安装，拆除				
编号	名称及规格	单位	数量	单价/元	合计/元
一	直接费				3745.42
（一）	基本直接费				3543.45
1	人工费				1568.15

编号	名称及规格	单位	数量	单价/元	合计/元
	工长	工时	17.50	8.19	143.33
	高级工	工时	85.20	7.57	644.96
	中级工	工时	123.20	6.33	779.86
	初级工	工时	0.00	4.43	0.00
2	材料费				984.37
	组合钢模板	kg	100.00	4.04	404.00
	铁件	kg	124.00	4.04	500.96
	预置混凝土柱	m^3	0.30	159.96	47.99
	电焊条	kg	2.00	6.06	12.12
	其他材料费	%	2.00	965.07	19.30
3	施工机械使用费				990.93
	汽车起重机5t	台时	14.60	63.31	924.34
	电焊机25kVA	台时	2.06	9.42	19.41
	其他机械费	%	5.00	943.75	47.19
（二）	其他直接费	%	5.70	3543.45	201.98
二	间接费	%	6.00	3745.42	224.73
三	利润	%	7.00	3970.15	277.91
四	材料补差				155.65
	水泥	kg	78.30	0.20	15.38
	汽油	kg	84.68	1.66	140.27
五	税金	%	3.41	4403.71	150.17
	合计				4553.88

单价编号	013	项目名称	斗车运混凝土		
定额编号	水利部概 2002-40190，40191	定额单位	100m³		
施工方法	装运，卸，清洗				
编号	名称及规格	单位	数量	单价/元	合计/元
一	直接费				1644.24
（一）	基本直接费				1555.57
1	人工费				1403.42
	工长	工时	0.00	8.19	0.00
	高级工	工时	0.00	7.57	0.00
	中级工	工时	0.00	6.33	0.00
	初级工	工时	316.80	4.43	1403.42
2	材料费				88.05
	零星材料费	%	6.00	1467.52	88.05

编号	名称及规格	单位	数量	单价/元	合计/元
3	施工机械使用费				64.10
	V形斗车0.6m³	台时	118.70	0.54	64.10
(二)	其他直接费	%	5.70	1555.57	88.67
二	间接费	%	6.00	1644.24	98.65
三	利润	%	7.00	1742.90	122.00
四	材料补差				0.00
五	税金	%	3.41	1864.90	63.59
	合计				1928.49

单价编号	014	项目名称	一般石方开挖		
定额编号	水利部概 2002-20002	定额单位	100m³		
施工方法	一般石方开挖				
编号	名称及规格	单位	数量	单价/元	合计/元
一	直接费				2873.76
(一)	基本直接费				2718.79
1	人工费				459.66
	工长	工时	2.00	8.19	16.38
	高级工	工时	0.00	7.57	0.00
	中级工	工时	18.10	6.33	114.57
	初级工	工时	74.20	4.43	328.71
2	材料费				586.34
	合金钻头	个	1.74	101.00	175.74
	炸药	kg	34.00	6000.00	204.00
	雷管	个	31.00	1.01	31.31
	导线	m	85.00	1.01	85.85
	其他材料费	%	18.00	496.90	89.44
3	施工机械使用费				73.22
	风钻(手持式)	台时	8.13	8.19	66.56
	其他机械费	%	10.00	66.56	6.66
4	石渣运输	m³	104.00	15.38	1599.57
(二)	其他直接费	%	5.70	2718.79	154.97
二	间接费	%	8.00	2873.76	229.90
三	利润	%	7.00	3103.66	217.26
四	材料补差				134.56
	炸药	kg	34.00	0.41	14.03
	柴油	kg	169.39	0.71	120.52

195

编号	名称及规格	单位	数量	单价/元	合计/元
五	税金	%	3.41	3455.47	117.83
	合计				3573.31

单价编号	015		项目名称		伸缩缝
定额编号	水利部概 2002-40150		定额单位		100m³
施工方法			伸缩缝施工		
编号	名称及规格	单位	数量	单价/元	合计/元
一	直接费				6922.34
（一）	基本直接费				6549.05
1	人工费				1156.81
	工长	工时	9.20	8.19	75.35
	高级工	工时	64.40	7.57	487.51
	中级工	工时	55.20	6.33	349.42
	初级工	工时	55.20	4.43	244.54
2	材料费				5389.71
	油毛毡	m²	231.00	5.05	1166.55
	沥青	t	1.87	2126.14	3975.88
	木柴	t	0.64	303.00	193.92
	其他材料费	%	1.00	5336.35	53.36
3	施工机械使用费				2.53
	胶轮车	台时	2.81	0.90	2.53
（二）	其他直接费	%	5.70	6549.05	373.30
二	间接费	%	7.00	6922.34	484.56
三	利润	%	7.00	7406.91	518.48
四	材料补差				0.00
五	税金	%	3.41	7925.39	270.26
	合计				8195.65

单价编号	016		项目名称		石料运输
定额编号	水利部概 2002-60224		定额单位		100m³
施工方法			石料运输		
编号	名称及规格	单位	数量	单价/元	合计/元
一	直接费				631.84
（一）	基本直接费				597.76
1	人工费				10.63
	工长	工时	0.00	8.19	0.00

编号	名称及规格	单位	数量	单价/元	合计/元
	高级工	工时	0.00	7.57	0.00
	中级工	工时	0.00	6.33	0.00
	初级工	工时	2.40	4.43	10.63
2	材料费				5.92
	零星材料费	%	1.00	591.85	5.92
3	施工机械使用费				581.21
	挖掘机 3m³	台时	0.35	396.19	138.67
	推土机 88kW	台时	0.18	116.14	20.91
	自卸汽车 15t	台时	3.33	126.62	421.64
（二）	其他直接费	%	5.70	597.76	34.07
二	间接费	%	8.00	631.84	50.55
三	利润	%	7.00	682.38	47.77
四	材料补差				41.27
	柴油	kg	58.00	0.71	41.27
五	税金	%	3.41	771.42	26.31
	合计				797.72

单价编号	017		项目名称	C20 混凝土底板	
定额编号	水利部概 2002—40058		定额单位	100m³	
施工方法	C20 混凝土底板浇筑				
编号	名称及规格	单位	数量	单价/元	合计/元
一	直接费				25 235.24
（一）	基本直接费				23 874.40
1	人工费				2240.61
	工长	工时	11.80	8.19	96.64
	高级工	工时	15.80	7.57	119.61
	中级工	工时	209.30	6.33	1324.87
	初级工	工时	157.90	4.43	699.50
2	材料费				17 469.64
	混凝土	m³	108.00	159.96	17 275.72
	水	m³	107.00	1.00	107.00
	其他材料费	%	0.50	17 382.72	86.91
3	施工机械使用费				221.05
	振动器 1.1kW	台时	44.16	2.02	89.20
	风（砂）水枪	台时	11.51	10.90	125.41
	其他机械费	%	3.00	214.61	6.44

编号	名称及规格	单位	数量	单价/元	合计/元
4	混凝土拌制	m³	108.00	20.95	2263.08
5	混凝土运输	m³	108.00	15.56	1680.02
（二）	其他直接费	%	5.70	23 874.40	1360.84
二	间接费	%	7.00	25 235.24	1766.47
三	利润	%	7.00	27 001.71	1890.12
四	材料补差				5535.56
	水泥	t	28.19	196.38	5535.56
五	税金	%	3.41	34 427.39	1173.97
	合计				35 601.36

单价编号	018		项目名称	C20 混凝土涵洞	
定额编号	水利部概 2002-40065		定额单位	100m³	
施工方法	C20 混凝土涵洞浇筑				
编号	名称及规格	单位	数量	单价/元	合计/元
一	直接费				24 810.63
（一）	基本直接费				23 472.69
1	人工费				2213.39
	工长	工时	11.60	8.19	95.00
	高级工	工时	19.20	7.57	145.34
	中级工	工时	211.90	6.33	1341.33
	初级工	工时	142.60	4.43	631.72
2	材料费				17 088.82
	混凝土	m³	106.00	159.96	16 955.80
	水	m³	48.00	1.00	48.00
	其他材料费	%	0.50	17 003.80	85.02
3	施工机械使用费				300.40
	振动器 1.1kW	台时	30.28	2.02	61.17
	风（砂）水枪	台时	19.45	10.90	211.92
	其他机械费	%	10.00	273.09	27.31
4	混凝土拌制	m³	106.00	20.95	2221.17
5	混凝土运输	m³	106.00	15.56	1648.91
（二）	其他直接费	%	5.70	23 472.69	1337.94
二	间接费	%	7.00	24 810.63	1736.74
三	利润	%	7.00	26 547.38	1858.32
四	材料补差				5433.05
	水泥	t	27.67	196.38	5433.05
五	税金	%	3.41	33 838.74	1153.90
	合计				34 992.65

单价编号	019		项目名称	C20 混凝土溢流面	
定额编号	水利部概 2002-40056		定额单位	100m³	
施工方法	C20 混凝土溢流面浇筑				
编号	名称及规格	单位	数量	单价/元	合计/元
一	直接费				24 272.42
（一）	基本直接费				22 963.50
1	人工费				2217.17
	工长	工时	11.70	8.19	95.82
	高级工	工时	19.40	7.57	146.86
	中级工	工时	205.90	6.33	1303.35
	初级工	工时	151.50	4.43	671.15
2	材料费				16 763.90
	混凝土	m³	103.00	159.96	16 475.92
	水	m³	122.00	1.00	122.00
	其他材料费	%	1.00	16 597.92	165.98
3	施工机械使用费				221.88
	振动器 1.1kW	台时	24.68	2.02	49.85
	风（砂）水枪	台时	14.28	10.90	155.59
	其他机械费	%	8.00	205.44	16.44
4	混凝土拌制	m³	103.00	20.95	2158.31
5	混凝土运输	m³	103.00	15.56	1602.24
（二）	其他直接费	%	5.70	22 963.50	1308.92
二	间接费	%	7.00	24 272.42	1699.07
三	利润	%	7.00	25 971.49	1818.00
四	材料补差				5279.28
	水泥	t	26.88	196.38	5279.28
五	税金	%	3.41	33 068.78	1127.65
	合计				34 196.43

单价编号	020		项目名称	C20 混凝土挡墙	
定额编号	水利部概 2002-40071		定额单位	100m³	
施工方法	C20 混凝土挡墙浇筑				
编号	名称及规格	单位	数量	单价/元	合计/元
一	直接费				25 169.71
（一）	基本直接费				23 812.41
1	人工费				1574.89
	工长	工时	8.10	8.19	66.34

编号	名称及规格	单位	数量	单价/元	合计/元
	高级工	工时	18.90	7.57	143.07
	中级工	工时	151.40	6.33	958.36
	初级工	工时	91.90	4.43	407.12
2	材料费				17 598.84
	混凝土	m³	107.00	159.96	17 115.76
	水	m³	138.00	1.00	138.00
	其他材料费	%	2.00	17 253.76	345.08
3	施工机械使用费				732.09
	振动器 1.1kW	台时	19.66	2.02	39.71
	风（砂）水枪	台时	4.91	10.90	53.50
	混凝土泵 30m³/h	台时	6.57	84.42	554.65
	其他机械费	%	13.00	647.86	84.22
4	混凝土拌制	m³	107.00	20.95	2242.13
5	混凝土运输	m³	107.00	15.56	1664.46
（二）	其他直接费	%	5.70	23 812.41	1357.31
二	间接费	%	7.00	25 169.71	1761.88
三	利润	%	7.00	26 931.59	1885.21
四	材料补差				5484.30
	水泥	t	27.93	196.38	5484.30
五	税金	%	3.41	34 301.11	1169.67
	合计				35 470.78

单价编号	021	项目名称	C20 混凝土格栅
定额编号	水利部概 2002—40097	定额单位	100m³
施工方法		C20 混凝土格栅浇筑	

编号	名称及规格	单位	数量	单价/元	合计/元
一	直接费				27 126.47
（一）	基本直接费				25 663.64
1	人工费				4273.39
	工长	工时	21.80	8.19	178.54
	高级工	工时	65.30	7.57	494.32
	中级工	工时	406.30	6.33	2571.88
	初级工	工时	232.20	4.43	1028.65
2	材料费				17 259.26
	混凝土	m³	105.00	159.96	16 795.84
	水	m³	125.00	1.00	125.00

编号	名称及规格	单位	数量	单价/元	合计/元
	其他材料费	%	2.00	16 920.84	338.42
3	施工机械使用费				297.43
	振动器1.1kW	台时	47.66	2.02	96.27
	风（砂）水枪	台时	15.98	10.90	174.11
	其他机械费	%	10.00	270.39	27.04
4	混凝土拌制	m³	105.00	20.95	2200.22
5	混凝土运输	m³	105.00	15.56	1633.35
（二）	其他直接费	%	5.70	25 663.64	1462.83
二	间接费	%	7.00	27 126.47	1898.85
三	利润	%	7.00	29 025.32	2031.77
四	材料补差				5381.79
	水泥	t	27.41	196.38	5381.79
五	税金	%	3.41	36 438.89	1242.57
	合计				37 681.46

单价编号	022		项目名称	C20混凝土门槽	
定额编号	水利部概 2002-40099		定额单位	100m³	
施工方法	C20混凝土门槽浇筑				
编号	名称及规格	单位	数量	单价/元	合计/元
一	直接费				37 708.28
（一）	基本直接费				35 674.81
1	人工费				14 380.20
	工长	工时	72.60	8.19	594.59
	高级工	工时	242.10	7.57	1832.70
	中级工	工时	1380.00	6.33	8735.40
	初级工	工时	726.30	4.43	3217.51
2	材料费				17 117.49
	混凝土	m³	103.00	159.96	16 475.92
	水	m³	143.00	1.00	143.00
	其他材料费	%	3.00	16 618.92	498.57
3	施工机械使用费				416.57
	振动器1.1kW	台时	95.17	2.02	192.24
	风（砂）水枪	台时	16.80	10.90	183.05
	其他机械费	%	11.00	375.29	41.28
4	混凝土拌制	m³	103.00	20.95	2158.31

编号	名称及规格	单位	数量	单价/元	合计/元
5	混凝土运输	m³	103.00	15.56	1602.24
（二）	其他直接费	%	5.70	35 674.81	2033.46
二	间接费	%	7.00	37 708.28	2639.58
三	利润	%	7.00	40 347.86	2824.35
四	材料补差				5279.28
	水泥	t	26.88	196.38	5279.28
五	税金	%	3.41	48 451.49	1652.20
	合计				50 103.68

单价编号	023		项目名称	浆砌块石挡土墙	
定额编号	水利部概 2002-30033		定额单位	100m³	
施工方法	浆砌块石挡土墙				
编号	名称及规格	单位	数量	单价/元	合计/元
一	直接费				16 258.12
（一）	基本直接费				15 381.38
1	人工费				4404.93
	工长	工时	16.70	8.19	136.77
	高级工	工时	0.00	7.57	0.00
	中级工	工时	339.40	6.33	2148.40
	初级工	工时	478.50	4.43	2119.76
2	材料费				10 733.65
	块石	m³	108.00	56.04	6051.89
	砂浆	m³	34.40	134.55	4628.36
	其他材料费	%	0.50	10 680.25	53.40
3	施工机械使用费				242.80
	砂浆搅拌机 0.4m³	台时	6.38	15.32	97.74
	胶轮车	台时	161.18	0.90	145.06
	其他机械费	%	0.00	242.80	0.00
（二）	其他直接费	%	5.70	15 381.38	876.74
二	间接费	%	8.00	16 258.12	1300.65
三	利润	%	7.00	17 558.77	1229.11
四	材料补差				1425.40
	水泥	t	7.26	196.38	1425.40
五	税金	%	3.41	20 213.29	689.27
	合计				20 902.56

单价编号	024	项目名称		沥青混凝土路面	
定额编号	水利部概 2002-90026，90027	定额单位		1000m²	
施工方法		沥青混凝土路面铺筑 10cm			
编号	名称及规格	单位	数量	单价/元	合/元
一	直接费				47 055.83
(一)	基本直接费				44 518.29
1	人工费				5676.15
	工长	工时	31.00	8.19	253.89
	高级工	工时	0.00	7.57	0.00
	中级工	工时	401.00	6.33	2538.33
	初级工	工时	651.00	4.43	2883.93
2	材料费				36 328.31
	砂子	m³	18.20	62.93	1145.40
	碎石	m³	102.00	61.01	6222.51
	沥青	t	11.68	2126.14	24 833.29
	矿粉	t	4.92	606.00	2981.52
	锯材	m³	0.10	874.85	87.49
	其他材料费	%	3.00	35 270.20	1058.11
3	施工机械使用费				2513.83
	内燃压路机 12~15t	台时	7.70	65.34	503.13
	搅拌机 0.35m³	台时	22.60	23.09	521.81
	自卸汽车 8t	台时	17.10	80.07	1369.18
	其他机械费	%	5.00	2394.12	119.71
(二)	其他直接费	%	5.70	44 518.29	2537.54
二	间接费	%	6.00	47 055.83	2823.35
三	利润	%	7.00	49 879.18	3491.54
四	材料补差				159.71
	柴油	kg	224.47	0.71	159.71
五	税金	%	3.41	53 530.44	1825.39
	合计				55 355.82

单价编号	025	项目名称		土方开挖 2（含清运）	
定额编号	水利部概 2002-10635	定额单位		100m³	
施工方法		土方开挖（含清运）运距 2km			
编号	名称及规格	单位	数量	单价/元	合计/元
一	直接费				868.39
(一)	基本直接费				821.56
1	人工费				18.16
	工长	工时	0.00	8.19	0.00

编号	名称及规格	单位	数量	单价/元	合计/元
	高级工	工时	0.00	7.57	0.00
	中级工	工时	0.00	6.33	0.00
	初级工	工时	4.10	4.43	18.16
2	材料费				31.60
	零星材料费	%	4.00	789.96	31.60
3	施工机械使用费				771.80
	挖掘机 2m³	台时	0.61	235.09	143.41
	推土机 59kW	台时	0.30	68.90	20.67
	自卸汽车 8t	台时	7.59	80.07	607.72
（二）	其他直接费	%	5.70	821.56	46.83
二	间接费	%	4.00	868.39	34.74
三	利润	%	7.00	903.13	63.22
四	材料补差				65.64
	柴油	kg	92.26	0.71	65.64
五	税金	%	3.41	1031.99	35.19
	合计				1067.18

单价编号	026	项目名称	草土围堰
定额编号	水利部概 2002-90002，90005	定额单位	100m³
施工方法	草土围堰填筑，拆除		

编号	名称及规格	单位	数量	单价/元	合计/元
一	直接费				13 009.99
（一）	基本直接费				12 308.41
1	人工费				5330.93
	工长	工时	24.00	8.19	196.56
	高级工	工时	0.00	7.57	0.00
	中级工	工时	0.00	6.33	0.00
	初级工	工时	1159.00	4.43	5134.37
2	材料费				6977.48
	黏土	m³	118.00	30.30	3575.40
	编织袋	个	3300.00	1.01	3333.00
	其他材料费	%	1.00	6908.40	69.08
	其他机械费	%	0.00	0.00	0.00
（二）	其他直接费	%	5.70	12 308.41	701.58
二	间接费	%	4.00	13 009.99	520.40
三	利润	%	7.00	13 530.39	947.13

编号	名称及规格	单位	数量	单价/元	合计/元
四	材料补差				0.00
五	税金	%	3.41	14 477.52	493.68
	合计				14 971.20

单价编号	027		项目名称	混凝土拌制	
定额编号	水利部概 2002-40171		定额单位	100m³	
施工方法	搅拌机拌制混凝土				
编号	名称及规格	单位	数量	单价/元	合计/元
一	直接费				2214.89
(一)	基本直接费				2095.45
1	人工费				1539.54
	工长	工时	0.00	8.19	0.00
	高级工	工时	0.00	7.57	0.00
	中级工	工时	126.20	6.33	798.85
	初级工	工时	167.20	4.43	740.70
2	材料费				41.09
	零星材料费	%	2.00	2054.36	41.09
3	施工机械使用费				514.82
	搅拌机 0.4m³	台时	18.90	23.09	436.38
	胶轮车	台时	87.15	0.90	78.44
(二)	其他直接费	%	5.70	2095.45	119.44
二	间接费	%	4.00	2214.89	88.60
三	利润	%	7.00	2303.48	161.24
四	材料补差				0.00
五	税金	%	3.41	2464.73	84.05
	合计				2548.77

单价编号	028		项目名称	石渣运输	
定额编号	水利部概 2002-20524		定额单位	100m³	
施工方法	2m³ 装载机装石渣汽车运输				
编号	名称及规格	单位	数量	单价/元	合计/元
一	直接费				1625.72
(一)	基本直接费				1538.05
1	人工费				49.62
	工长	工时	0.00	8.19	0.00
	高级工	工时	0.00	7.57	0.00

205

编号	名称及规格	单位	数量	单价/元	合计/元
	中级工	工时	0.00	6.33	0.00
	初级工	工时	11.20	4.43	49.62
2	材料费				30.16
	零星材料费	%	2.00	1507.89	30.16
3	施工机械使用费				1458.28
	挖掘机 2m³	台时	2.11	235.09	496.04
	推土机 88kW	台时	1.06	116.14	123.11
	自卸汽车 8t	台时	10.48	80.07	839.12
（二）	其他直接费	%	5.70	1538.05	87.67
二	间接费	%	4.00	1625.72	65.03
三	利润	%	7.00	1690.75	118.35
四	材料补差				115.89
	柴油	kg	162.87	0.71	115.89
五	税金	%	3.41	1924.99	65.64
	合计				1990.63

表 7-31 安装工程单价表

单价编号	029		项目名称		电力变压器
定额编号	水利部概 2002-07001		定额单位		台
型号规格	三相双卷 35kV，800kVA				
编号	名称及规格	单位	数量	单价/元	合计/元
一	直接费				18 373.63
（一）	基本直接费				17 268.45
1	人工费				9962.84
	工长	工时	91.00	8.19	745.29
	高级工	工时	508.00	7.57	3845.56
	中级工	工时	652.00	6.33	4127.16
	初级工	工时	281.00	4.43	1244.83
2	材料费				5277.68
	型钢	kg	17.00	4.04	68.68
	垫铁	kg	10.00	4.04	40.40
	电焊条	kg	18.00	6.06	109.08
	氧气	m³	19.00	15.15	287.85
	乙炔气	m³	9.00	15.15	136.35
	变压器油	kg	35.00	8.08	282.80
	油漆	kg	26.00	10.10	262.60

编号	名称及规格	单位	数量	单价/元	合计/元
	镀锌螺栓	套	355.00	5.05	1792.75
	滤油纸	张	228.00	1.01	230.28
	石棉布	m²	6.00	2.02	12.12
	木材	m³	0.30	874.85	262.46
	枕木	根	3.00	20.2	60.60
	电	kWh	1300.00	0.60	780.00
	其他材料费	%	22.00	4325.97	951.71
3	施工机械使用费				2027.93
	汽车起重机5t	台时	10.00	63.31	633.11
	电焊机20～30kVA	台时	41.00	9.42	386.22
	压力滤油机150	台时	27.00	10.25	276.72
	载重汽车5t	台时	5.00	52.78	263.90
	其他机械费	%	30.00	1559.95	467.98
(二)	其他直接费	%	6.40	17268.45	1105.18
二	间接费	%	70.00	9962.84	6973.99
三	利润	%	7.00	25 347.62	1774.33
四	材料补差				155.71
	汽油	kg	94.00	1656.52	155.71
五	未计价装置性材料费				0.00
六	税金	%	3.41	27 277.66	930.17
	合计				28 207.83

单价编号	030	项目名称	平板焊接闸门5.8t		
定额编号	水利部概2002-10001	定额单位	t		
型号规格	平面焊接闸门安装5.8t				
编号	名称及规格	单位	数量	单价/元	合计/元
一	直接费				904.44
(一)	基本直接费				850.03
1	人工费				637.80
	工长	工时	5.00	8.19	40.95
	高级工	工时	26.00	7.57	196.82
	中级工	工时	45.00	6.33	284.85
	初级工	工时	26.00	4.43	115.18
2	材料费				136.53
	钢板	kg	3.00	5.05	15.15
	氧气	m³	1.80	15.15	27.27

编号	名称及规格	单位	数量	单价/元	合计/元
	乙炔气	m³	0.80	15.15	12.12
	电焊条	kg	3.90	6.06	23.63
	油漆	kg	2.00	10.10	20.20
	汽油70号	kg	2.00	3.60	7.20
	棉纱头	kg	0.80	15.15	12.12
	其他材料费	%	16.00	117.69	18.83
3	施工机械使用费				75.71
	门式起重机10t	台时	0.80	53.06	42.45
	电焊机25kVA	台时	2.80	9.42	26.38
	其他机械费	%	10.00	68.83	6.88
（二）	其他直接费	%	6.40	850.03	54.40
二	间接费	%	70.00	637.80	446.46
三	利润	%	7.00	1350.90	94.56
四	材料补差				3.31
	汽油	kg	2.00	1.66	3.31
五	未计价装置性材料费				0.00
六	税金	%	3.41	1448.77	49.40
	合计				1498.17

单价编号	031	项目名称	平板焊接闸门3.3t		
定额编号	水利部概2002-10001	定额单位	t		
型号规格	平面焊接闸门安装3.3t				
编号	名称及规格	单位	数量	单价/元	合计/元
一	直接费				904.44
（一）	基本直接费				850.03
1	人工费				637.80
	工长	工时	5.00	8.19	40.95
	高级工	工时	26.00	7.57	196.82
	中级工	工时	45.00	6.33	284.85
	初级工	工时	26.00	4.43	115.18
2	材料费				136.53
	钢板	kg	3.00	5.05	15.15
	氧气	m³	1.80	15.15	27.27
	乙炔气	m³	0.80	15.15	12.12
	电焊条	kg	3.90	6.06	23.63
	油漆	kg	2.00	10.10	20.20

编号	名称及规格	单位	数量	单价/元	合计/元
	汽油70号	kg	2.00	3.60	7.20
	棉纱头	kg	0.80	15.15	12.12
	其他材料费	%	16.00	117.69	18.83
3	施工机械使用费				75.71
	门式起重机10t	台时	0.80	53.06	42.45
	电焊机25kVA	台时	2.80	9.42	26.38
	其他机械费	%	10.00	68.83	6.88
（二）	其他直接费	%	6.40	850.03	54.40
二	间接费	%	70.00	637.80	446.46
三	利润	%	7.00	1350.90	94.56
四	材料补差				3.31
	汽油	kg	2.00	1.66	3.31
五	未计价装置性材料费				0.00
六	税金	%	3.41	1448.77	49.40
	合计				1498.17

单价编号	032		项目名称	螺杆启闭机1，2，3t	
定额编号	水利部概2002-09063		定额单位	台	
型号规格	螺杆起闭机1t，2t，3t				
编号	名称及规格	单位	数量	单价/元	合计/元
一	直接费				6008.38
（一）	基本直接费				5646.97
1	人工费				3425.96
	工长	工时	27.00	8.19	221.13
	高级工	工时	144.00	7.57	1090.08
	中级工	工时	262.00	6.33	1658.46
	初级工	工时	103.00	4.43	456.29
2	材料费				1304.34
	钢板	kg	21.00	5.05	106.05
	型钢	kg	50.00	4.04	202.00
	垫铁	kg	21.00	4.04	84.84
	氧气	m³	11.00	15.15	166.65
	乙炔气	m³	5.00	15.15	75.75
	电焊条	kg	4.00	6.06	24.24
	汽油70号	kg	5.00	3.60	18.00
	柴油0号	kg	7.00	3.50	24.50

编号	名称及规格	单位	数量	单价/元	合计/元
	油漆	kg	5.00	10.10	50.50
	木材	m³	0.30	874.85	262.46
	棉纱头	kg	3.00	15.15	45.45
	其他材料费	%	23.00	1060.44	243.90
3	施工机械使用费				916.67
	汽车起重机 5t	台时	7.00	63.31	443.18
	电焊机 25kVA	台时	11.00	9.42	103.62
	载重汽车 5t	台时	3.00	52.78	158.34
	其他机械费	%	30.00	705.13	211.54
（二）	其他直接费	%	6.40	5646.97	361.41
二	间接费	%	70.00	3425.96	2398.17
三	利润	%	7.00	8406.55	588.46
四	材料补差				116.30
	汽油	kg	67.20	1.66	111.32
	柴油	kg	7.00	0.71	4.98
五	未计价装置性材料费				0.00
六	税金	%	3.41	9111.30	310.70
	合计				9422.00

参 考 文 献

［1］ 许焕兴. 工程造价. 大连：东北财经大学出版社，2015.

［2］ 马立杰，王宇亮. 工程造价. 北京：清华大学出版社，2014.

［3］ 申玲，戚建明. 工程造价计价. 北京：知识产权出版社，2014.

［4］ 曾瑜，厉莎. 水利水电工程造价与实务. 北京：中国电力出版社，2016.

［5］ 赵旭升，卜贵贤. 水利水电工程施工组织与造价. 杨凌：西北农林科技大学出版社，2009.

［6］ 水利建筑工程预算定额. 郑州：黄河水利出版社，2002.

［7］ 水利建筑工程概算定额. 郑州：黄河水利出版社，2002.

［8］ 水利水电设备安装工程预算定额. 郑州：黄河水利出版社，2002.

［9］ 水利水电设备安装工程概算定额. 郑州：黄河水利出版社，2002.

［10］ 水利工程施工机械台时费定额. 郑州：黄河水利出版社，2002.

［11］ 水利工程设计概（估）算编制规定（工程部分）. 北京：中国水利水电出版社，2015.

［12］ 水利工程设计概（估）算编制规定（建设征地移民补偿）. 北京：中国水利水电出版社，2015.

［13］ 水利水电工程定额与造价. 北京：中国水利水电出版社，2015.

［14］ 水利水电工程环境保护设计概（估）算编制规程. 北京：中国水利水电出版社，2006.

［15］ 易建芝，侯林峰，高琴月. 水利工程造价. 武汉：华中科技大学出版社，2013.

［16］ 李春生. 水利水电工程造价. 北京：中国水利水电出版社，2013.

［17］ 张梦宇，王飞寒，闫国新，等. 水利工程造价与招投标. 北京：中国水利水电出版社，2015.

［18］ 中国水利工程协会. 水利工程造价计价与控制. 北京：中国水利水电出版社，2010.

211